Agnimitra Biswas
Naveen Daham Weerasekera

Sistema de recuperação de calor residual baseado em gerador termoelétrico

Agnimitra Biswas
Naveen Daham Weerasekera

Sistema de recuperação de calor residual baseado em gerador termoelétrico

ScienciaScripts

Imprint

Cover image: www.ingimage.com

This book is a translation from the original published under ISBN 978-3-659-87416-1.

Publisher:
Sciencia Scripts
is a trademark of
Dodo Books Indian Ocean Ltd. and OmniScriptum S.R.L publishing group

120 High Road, East Finchley, London, N2 9ED, United Kingdom
Str. Armeneasca 28/1, office 1, Chisinau MD-2012, Republic of Moldova, Europe
Managing Directors: Ieva Konstantinova, Victoria Ursu
info@omniscriptum.com

Printed at: see last page
ISBN: 978-620-8-52064-9

ÍNDICE DE CONTEÚDOS

RECONHECIMENTO

A satisfação e a euforia que acompanham a conclusão bem sucedida de qualquer tarefa estariam incompletas sem a menção das pessoas cuja orientação e encorajamento constantes a tornaram possível. Tenho o prazer de vos apresentar a minha publicação, que é o resultado de uma mistura estudada de investigação e conhecimento.

Expresso a minha mais sincera gratidão ao meu orientador académico, o Professor Assistente Dr. Agnimitra Biswas, do Departamento de Engenharia Mecânica do NIT-Silchar, que foi o meu guia de projeto ao longo de todo o meu currículo B.Tech e pelo seu constante apoio, encorajamento e orientação. Estou extremamente grato pela sua cooperação e pelas suas valiosas sugestões. Aproveito também esta oportunidade para agradecer ao editor pelo seu apoio constante na distribuição deste trabalho a todas as pessoas que estão envolvidas em tecnologias semelhantes.

Naveen Daham Weerasekera
Bacharelato em Engenharia Mecânica
Instituto Nacional de Tecnologia - Silchar
Assam, Índia. 788010

CAPÍTULO 1

Resumo

A ideia principal do projeto é implementar um sistema de recuperação de calor residual para centrais eléctricas convencionais e não convencionais de pequena a grande escala e produzir eletricidade para aplicações úteis. O conceito deriva das experiências realizadas com colectores de calha parabólica (PTC) que são utilizados para aquecimento de água. A aplicação do sistema TEG ao sistema PTC pode gerar uma quantidade significativa de energia eléctrica.

O principal inconveniente que vi no sistema PTC, para além do problema da eficiência, é a potência de bombagem necessária. É necessário fornecer eletricidade externa para os motores das bombas, o que faz com que o sistema não seja autossustentável.

Por conseguinte, o sistema TEG é aplicado para aproveitar o calor disponível no fluido de transferência de calor (HTF) depois de passar pelas caldeiras de vapor. Normalmente, nas centrais eléctricas PTC, o HTF está disponível a uma temperatura de 6000c e, depois de passar pelas caldeiras, tem quase 4000c. Por conseguinte, ao enviar o HTF de escape através de outro permutador de calor e extrair alguma quantidade de calor com a temperatura necessária para o funcionamento suficiente do módulo TEG, a eletricidade gerada pode ser aplicada aos motores da bomba HTF.

O atual módulo TEG foi concebido para produzir uma potência máxima de 240 W e o permutador de calor do lado quente foi concebido para extrair um mínimo de 400 W de taxa de transferência de calor. Para um motor de bomba sem qualquer carga de pressão (normalmente os fluxos HTF do sistema PTC sem qualquer carga de pressão externa, como nos sistemas hidráulicos) são necessários cerca de 450W.

Mas a conceção do sistema pode ser alargada aos requisitos em tempo real.

O panorama geral:

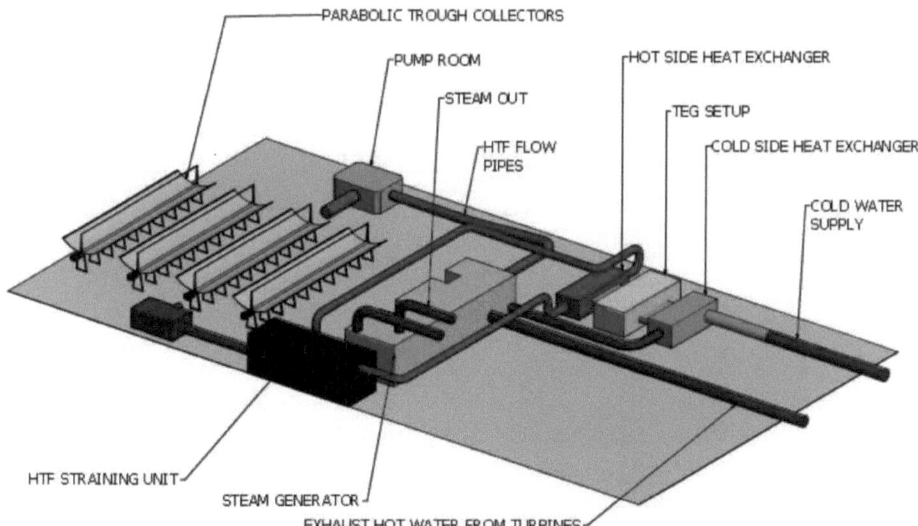

Figura 1.1: Posição da configuração do TEG numa central térmica solar de concentração

A posição do sistema TEG numa central eléctrica de tipo concentrador solar é mostrada na figura. Neste caso, o fornecimento de calor ao módulo TEG é efectuado pelo HTF de escape do gerador de vapor. A água fria é fornecida para o permutador de calor do lado frio do módulo TEG e é aquecida a uma temperatura inicial considerável e fornecida ao gerador de vapor. Por conseguinte, o calor residual de saída do módulo TEG também é recolhido neste projeto.

Neste projeto, a viabilidade do sistema acima mencionado é concebida e estudada. Neste projeto, concebo e analiso um pequeno modelo do sistema TEG, mas este pode ser alargado ao tamanho necessário quando a aplicação for em tempo real.

CAPÍTULO 2

Pesquisa bibliográfica

Para implementar novos conceitos de design para o projeto atual, é essencial dispor de literatura recente relativa a aplicações de geradores termoeléctricos. Esta revisão da literatura baseia-se em determinadas publicações que ajudam a adquirir conhecimentos sobre a modelação e análise destes sistemas.

A pesquisa bibliográfica baseia-se nas seguintes categorias.

1. Baseado em geradores termoeléctricos (especificações, aplicações e condições de funcionamento)
2. Com base em permutadores de calor (conceção, análise e simulação)
3. Baseado em componentes auxiliares (tubos de transferência de calor, reservatórios térmicos e interfaces de transferência de calor)

Viabilidade do sistema TEG numa central eléctrica:

Os TEG estão disponíveis em várias dimensões a preços acessíveis. Entre os módulos TEG disponíveis no mercado, a dimensão máxima de um único módulo é de 40*40*4 mm^3 com uma potência de saída de 40W com uma diferença de temperatura de 200^0C. Para gerar 1 kW de potência são necessários cerca de 25 módulos TEG. Mas, em contrapartida, se os fabricantes forem motivados a produzir módulos TEG de grandes dimensões que possam captar mais energia e a reduzir o número de TEG, o problema fica resolvido. A potência de 10 kW é suscetível de ser atingida com menos esforço em qualquer central solar térmica de alta temperatura porque o fluido de trabalho tem temperaturas de aproximadamente 500^0C. Esta potência pode ser utilizada para acionar o equipamento essencial da central, como bombas de fluido, motores de rastreio, etc. Uma vez que as centrais térmicas solares baseadas em colectores de calha parabólica requerem um fluxo de fluido de baixa pressão, o consumo de energia nos motores de bombas de fluido é relativamente baixo (menos de 1 kW). Por conseguinte, a saída do dispositivo pode acionar um número considerável de motores de bombas.

Baseado em geradores termoeléctricos:

1. **Ashwin Date, Abhijit Date, Chris Dixon, Randeep Singh, Aliakbar Akbarzadeh Estimativa teórica e experimental do fluxo de calor de entrada limite para geradores termoeléctricos com arrefecimento passivo**

A sua investigação baseia-se na análise teórica e experimental do fluxo de calor limite dos módulos TEG disponíveis no mercado, que são do tipo A e B, para diferentes temperaturas admissíveis do lado quente (150^0C - 200^0C). Utilizaram um aquecedor externo para gerar a temperatura necessária para a temperatura quente e um módulo de aletas arrefecido a ar como permutador de calor do lado frio. Também utilizaram uma configuração de condensador com alhetas como permutador de calor do lado frio e observaram os resultados.

Conclusão:

Observaram que uma disposição óptima de arrefecimento por blocos com alhetas pode atingir um fluxo de calor máximo de 26 067 W/m2 para TEG de tipo A e 52 251 W/m2 para TEG de tipo B a uma velocidade do vento ambiente de 5 m/s. O tubo de calor com condensador de alhetas utilizado para arrefecimento pode atingir 40 375 W/m2 para os TEG do tipo A e 76 781 W/m2 para os TEG do tipo B. **Isto justifica o facto de os tubos de calor com condensador de alhetas poderem atingir**

fluxos de calor mais elevados porque são capazes de remover mais calor rejeitado do lado frio.

2. **Byung deok In, Hyung ik Kim, Jung wook Son, Ki hyung Lee**

O estudo de um gerador termoelétrico com várias condições térmicas de gases de escape de um motor diesel

Utilizaram um projeto de módulo TEG para recuperar o calor residual do motor de um automóvel. Uma vez que os motores de automóveis têm uma eficiência térmica inferior, é provável que se aplique um sistema de recuperação de calor residual. Acoplaram um módulo TEG no coletor de escape do motor de modo a que a temperatura dos gases de escape produza a temperatura de junção quente necessária. Para o arrefecimento do lado frio da instalação TEG, utilizaram alhetas com arrefecimento a ar localizadas na câmara. O ar de purga da secção de aspiração do filtro de ar é feito fluir através das alhetas para produzir um arrefecimento forçado.

Conclusão:

Observaram que os módulos TEG do motor só têm melhor desempenho a altas rotações. A razão para este facto é que o ar de escape com temperaturas elevadas só está disponível em rotações mais elevadas. Observaram também que a produção de eletricidade aumenta quando é utilizado um dissipador de calor de pilar retangular.

3. **Maria Theresa de Leon, Harold Chong e Michael Kraft Conceção e modelização de geradores solares termoeléctricos baseados em SOI**

Na sua investigação, utilizaram a energia solar concentrada como meio de aquecimento para a junção fria. Focaram o feixe concentrado numa membrana ligada à junção quente do TEG, partindo do princípio de que, através da aplicação da membrana, é fornecido um fluxo de calor uniforme ao longo de toda a superfície do TEG. Utilizaram simulações de transferência de calor para justificar a exatidão dos resultados experimentais. Também se concentraram na investigação do desempenho de TEGs solares com geometrias, parâmetros de lente e condições externas variáveis. Verificou-se que a eficiência é melhorada aumentando tanto o fator de concentração como a absorvência da membrana do TEG.

Conclusão:

Desenvolveram um modelo matemático para analisar o desempenho da sua instalação e para determinar a alteração da produção em função da alteração dos parâmetros. Justificaram que existe uma boa relação entre o modelo matemático e a simulação. **Observaram também que o aquecimento uniforme da junção quente está a fornecer mais calor do que o aquecimento pontual da junção quente do TEG.**

4. **E. Massaguer, A. Massaguer, L. Montoro, J.R. Gonzalez**

Desenvolvimento e validação de um novo tipo de TRNSYS para a simulação de geradores termoeléctricos

Utilizaram um modelo matemático do tipo TRANSYS para simular o desempenho dos TEGs. Desenvolveram um modelo de TEG e efectuaram simulações e validações em condições estáveis e transientes. **Na sua publicação, mencionaram que os TEGs são utilizados em sistemas de alta fiabilidade para a recuperação de calor residual, o que justifica a aplicação dos TEGs no presente projeto.** O seu objetivo é otimizar os TEG em aplicações reais utilizando o seu modelo computacional.

Conclusão:

O seu modelo é validado através de dados experimentais e o modelo proposto é compatível com a dinâmica térmica e eléctrica. Além disso, a simulação TRNSYS decorre sem interrupções ou atrasos, pelo que o modelo numérico e, consequentemente, o novo componente, podem ser considerados bem optimizados. Assim, o modelo do sistema pode ser utilizado na otimização do desempenho e na aplicação futura da geração termoeléctrica.

Com base em permutadores de calor:

1. Christoper Haslego, Alfa Laval, Graham Polley Conceção de permutadores de calor de placa e estrutura

Nesta publicação, é focada a conceção de permutadores de calor de placas e tubos. O projeto do permutador de calor utilizado como permutador de calor principal é o permutador de calor de placas e tubos. Os conhecimentos necessários para a conceção deste tipo de permutador de calor são obtidos a partir desta publicação.

Os permutadores de calor de placas e tubos são concebidos principalmente de modo a que as placas sejam fixadas a dois conjuntos de tubos ou muitos que o fluido quente flua num conjunto de tubos e o fluido frio flua através do outro conjunto de tubos. A transferência de calor ocorre de forma a que o calor flua entre os fluidos quentes e o fluido frio através da interface de transferência de calor. Estes modelos podem ser fabricados em pequenas dimensões, sendo amplamente utilizados na indústria automóvel e na indústria de máquinas de construção.

Estes modelos de permutadores de calor proporcionam uma taxa de transferência de calor mais elevada em comparação com outros permutadores de calor e a conceção de passagens de tubos múltiplos e o fabrico é fácil.

Ao projetar um permutador de calor, a diferença de temperatura média logarítmica é analisada para obter uma aproximação para o número de passagens de tubos. Posteriormente, são aplicadas simulações computacionais para otimizar ainda mais o sistema.

2. Programa Nacional de Aprendizagem Tecnológica Avançada (NPTEL) - Instituto Indiano de Tecnologia de Madras

Conceção do processo do permutador de calor: tipos de permutador de calor, conceção do processo do permutador de calor de casco e tubo, condensador e reboilers

Esta publicação consiste principalmente na conceção de diferentes tipos de permutadores de calor, como mencionado acima. São estudadas as considerações e a formulação do projeto térmico relativamente aos projectos. São estudados os diferentes componentes de um permutador de calor geral, tais como casco, tubo, deflectores e fluidos de trabalho. Também é estudada a formulação para determinar o número de passagens de tubos, o passo do tubo e a disposição dos tubos. A seleção do fluido para o lado do casco e do tubo pode ser considerada como outro fator importante na conceção do permutador de calor.

Também é estudada a conceção de processos para cascos e permutadores de calor para a transferência de calor em duas fases, tais como condensadores e reboilers.

3. Kifah Sarraf*, St_ephane Launay, Loun_es Tadrist

Análise complexa do escoamento em 3D e efeito do ângulo de ondulação em permutadores de calor de placas

Analisaram as transferências termo-hidráulicas de um fluxo monofásico em permutadores de calor de placas soldadas. Centraram-se em parâmetros como os coeficientes de transferência de calor por convecção, o número de Reynolds, etc., para avaliar o desempenho do projeto. Também examinaram a influência do ângulo de chevron na estrutura do fluxo e nas quedas de pressão para o número de Reynolds.

Conclusão:

Forneceram uma correlação para determinar o coeficiente de transferência de calor para o seu modelo.

Justificaram que a estrutura do escoamento não depende apenas do ângulo da chevron, mas também do caudal mássico. Desenvolveram um modelo de transferência de calor para determinar o caminho de transferência de calor ao longo das placas e validaram-no através de resultados experimentais.

4. Hamidreza Shabgard, Michael J. Allen, Nourouddin Sharifi, Steven P. Benn, Amir Faghri, Theodore L. Bergman

Permutadores e dissipadores de calor de tubos de calor: Oportunidades, desafios, aplicações, análise e estado da arte

Este artigo apresenta uma revisão sobre o tema acima referido. Justificam que os tubos de calor e os termossifões são amplamente reconhecidos como excelentes dispositivos de transporte térmico passivo que podem ter condutividades térmicas efectivas ordens de grandeza superiores às de materiais sólidos de dimensões semelhantes. Analisaram os seus modelos com uma abordagem de rede térmica que é computacionalmente eficiente. Também mencionaram diferentes aplicações de permutadores de calor de tubos de calor, tais como centrais térmicas e dispositivos de arrefecimento.

Conclusão:

Concluíram que os permutadores de calor de tubos de calor são mais económicos para utilização em aplicações de grande escala. Não produzem qualquer fuga cruzada virtual. São fáceis de montar e instalar e também de manter.

5. Hamidreza Shabgard , Michael J. Allen, Nourouddin Sharifi, Steven P. Benn, Amir Faghri ,Theodore L. Bergman

Permutadores e dissipadores de calor de tubos de calor: Oportunidades, desafios, aplicações, análise e estado da arte.

Apresentaram uma análise da integração de tubos de calor em permutadores de calor e da alteração da resposta, dos procedimentos gerais de conceção e das ferramentas de análise baseadas na abordagem da rede térmica. Sugerem que a introdução de tubos de calor em permutadores de calor produz grandes poupanças de energia.

Efectuaram a modelação da rede térmica da resistência térmica do módulo HPHX/TSHX, da resistência térmica do sifão térmico e da resistência térmica do tubo de calor.

Também forneceram diferentes aplicações de permutadores de calor na indústria.

Aplicações electrónicas:

Devido à pequena dimensão da aplicação, o calor pode ser transportado através de um tubo de calor para a ventoinha de arrefecimento. Concluíram que a resistência térmica convectiva na secção do condensador HP pode ser reduzida através da utilização de uma secção do condensador HP com alhetas.

Aplicações automóveis:

Os autores recomendaram a aplicação de tubos de calor nos veículos eléctricos para arrefecer as baterias.

Para dissipadores de calor:

Utilizado quando não há espaço suficiente disponível para colocar um dissipador de calor perto da aplicação.

Conclusão:

Uma vez que os HP são sistemas passivos que não necessitam de energia para funcionar, os HPHX têm um grande potencial de aplicação nos mercados comercial e industrial, particularmente no domínio do AVAC. Além disso, os tubos de calor são compatíveis com a facilidade de montagem e instalação, a versatilidade, a escalabilidade e a adaptabilidade do projeto. Outras vantagens incluem: baixa resistência térmica global, pequenas quedas de pressão nos fluxos de fluidos externos (lado quente e frio), compatibilidade química (especialmente a temperaturas mais elevadas) e disponibilidade de muitos materiais adequados para implementação em HPHXs.

6. Wasan Kamsanam, Xiaoan Mao, Artur J. Jaworski

Desempenho térmico de permutadores de calor termoacústicos de tubos alhetados em condições de fluxo oscilatório

Realizaram algumas experiências e simulações para compreender as caraterísticas de transferência de calor dos permutadores de calor em condições de fluxo oscilante. O seu trabalho investiga o efeito do comprimento e do espaçamento das alhetas no desempenho térmico dos permutadores de calor de tubos com alhetas. A taxa de transferência de calor entre dois permutadores de calor de tubos alhetados dispostos lado a lado num fluxo oscilatório foi medida numa série de condições de ensaio. Os resultados foram apresentados em termos de coeficiente de transferência de calor e de eficácia da transferência de calor.

Construíram um permutador de calor de tubos com alhetas e produzem ondas de água oscilatórias nos lados quente e frio. Produzem a onda a partir de um ressonador acoplado em cada um dos lados do fluxo.

Conclusão:

Introduziram uma correlação para a respectiva condição de fluxo para investigar o número de Nusselt, o espaçamento das aletas e o comprimento normalizado das aletas. Sugerem que as suas correlações podem ser usadas para projetar permutadores de calor termoacústicos em condições de funcionamento compatíveis.

7. Jeanette Cobian-I~niguez, Angela Wu, Florian Dugast, Arturo Pacheco-Vega Análise paramétrica de base numérica de permutadores de calor compactos de aletas e tubos lisos

A sua investigação incide na análise numérica das caraterísticas hidrodinâmicas e de transferência de calor de permutadores de calor compactos de seis filas de tubos. O seu objetivo é analisar a influência das condições de funcionamento e da geometria para conceber dispositivos mais eficientes. Consideraram como parâmetros geométricos o diâmetro do tubo, o espaçamento das alhetas e a disposição dos tubos. Utilizaram a velocidade do tubo e o número de Reynolds como parâmetros de medição do desempenho.

Os permutadores de calor compactos são amplamente utilizados em aplicações industriais, tais como no aquecimento, arrefecimento, ventilação e ar condicionado, bem como na produção de energia em sistemas de fabrico. Por conseguinte, esta publicação fornece dados interessantes para o projeto atual.

Conceberam tubos de transferência de calor e acoplaram os tubos a um domínio alargado. Assim, dois fluidos escoam em contacto com superfícies alargadas e a análise numérica é realizada. Construíram a malha e aplicaram as condições de fronteira adequadas. Também utilizaram a metodologia dos balanços energéticos globais e locais no seu estudo.

Conclusão:

Concluíram que o número de Reynolds global desempenha um papel importante na análise, enquanto o papel da disposição dos tubos é menor. Os efeitos do diâmetro do tubo e do espaçamento das alhetas estão estreitamente relacionados com a magnitude do número de Reynolds. Verificaram que a fração da taxa de calor total tem uma distribuição em função do fluxo com decaimento do tipo exponencial, cuja forma real depende fortemente do número de Reynolds, da dimensão do diâmetro e do espaçamento das alhetas. Os resultados do seu trabalho sugerem que, ao projetar permutadores de calor compactos mais eficientes, parâmetros como o espaçamento das alhetas, o diâmetro e o alinhamento dos tubos e a velocidade do fluxo devem ser analisados simultaneamente.

8. Ya-Ping Chen, Wei-han Wang, Jia-Feng Wu, Cong Dong

Investigação experimental do desempenho de permutadores de calor com deflectores

helicoidais de trissecção para a transferência de calor óleo/água-água

A sua investigação incide sobre os permutadores de calor de casco helicoidal com deflectores. Os testes de desempenho são efectuados na transferência de calor óleo/água e água/água em permutadores de calor com uma disposição triangular equilátera de 16 tubos. Os parâmetros como o caudal mássico e as temperaturas de entrada variam em conformidade e os resultados são analisados numericamente. Foram impostas certas restrições aos coeficientes de transferência de calor para cada lado nas simulações e investigadas as mutações em relação às condições normais.

Conclusão:

Introduziram também correlações empíricas para a sua configuração para encontrar o número de Nusselt e o número de Euler axial do lado do casco com base no número de Prandtl, no número de Reynolds e no ângulo inclinado das chicanas helicoidais em intervalos de escoamento turbulento e laminar.

Com base em componentes auxiliares:

Reservatórios térmicos:

1. Jens Glembin, Christoph Büttner, Jan Steinweg e Gunter Rockendorf Tanques de armazenamento térmico em sistemas de bombas de calor de elevada eficiência - Parâmetros optimizados de instalação e funcionamento

Neste documento, são utilizadas simulações de sistema no TRNSYS para identificar o design ótimo de dois sistemas típicos com uma bomba de calor ligada a um acumulador de reserva, incluindo o volume total do acumulador, o número e a dimensão das zonas aquecidas, o sensor e as posições de entrada e saída. A investigação foi efectuada com duas zonas de aquecimento em vez de uma única zona de aquecimento em sistemas de bomba de calor. Utilizaram um reservatório térmico para armazenar o calor proveniente do coletor de placas planas. Determinaram diferentes zonas de aquecimento do reservatório térmico e simularam-nas.

Conclusão:

Apresentaram metodologias para determinar o número de zonas em reservatórios térmicos, o volume, a temperatura de regulação, as posições dos sensores e os caudais necessários.

2. S. Awani, R. Chargui, S. Kooli, A. Farhat, A. Guizani

Desempenho do acoplamento do coletor de placa plana e de um sistema de bomba de calor associado a um permutador de calor vertical para aquecimento dos dois tipos de sistema de estufas

Utilizaram um sistema de bomba de calor acoplado a um coletor de placas planas para armazenar o calor e fornecê-lo ao espaço necessário para produzir o efeito de estufa. Utilizaram um permutador de calor vertical para transferir o calor da bomba de calor para a atmosfera. A sua conceção produziu mais calor para o espaço do que a configuração normal. Utilizaram o calor da água para evaporar o fluido de trabalho da bomba de calor.

Conclusão:

Observaram que o COP da bomba de calor é muito elevado, porque o evaporador está associado ao coletor durante o dia ou ao permutador de calor vertical durante a noite.

Tubos de fluxo de calor:

Os tubos de fluxo de calor aqui utilizados são tubos de cobre que estão disponíveis no mercado. Uma vez que o cobre é o material condutor térmico mais económico, é utilizado. Não existe literatura específica estudada para a conceção de interfaces porque não é necessário.

CAPÍTULO 3

Introdução

Qualquer sistema TEG convencional é constituído pelos seguintes componentes.

1. Permutador de calor do lado quente
2. Conjunto TEG
3. Permutador de calor do lado frio
4. Dispositivos de transferência de calor (tubos de calor, etc.)
5. Interfaces de transferência de calor

O desenho passo a passo dos componentes acima referidos é compilado neste projeto. Há seis TEGs Peltier que podem aproveitar a potência máxima de 240W a uma diferença de temperatura de junção de 200^{0}C.

Montagem global do sistema:

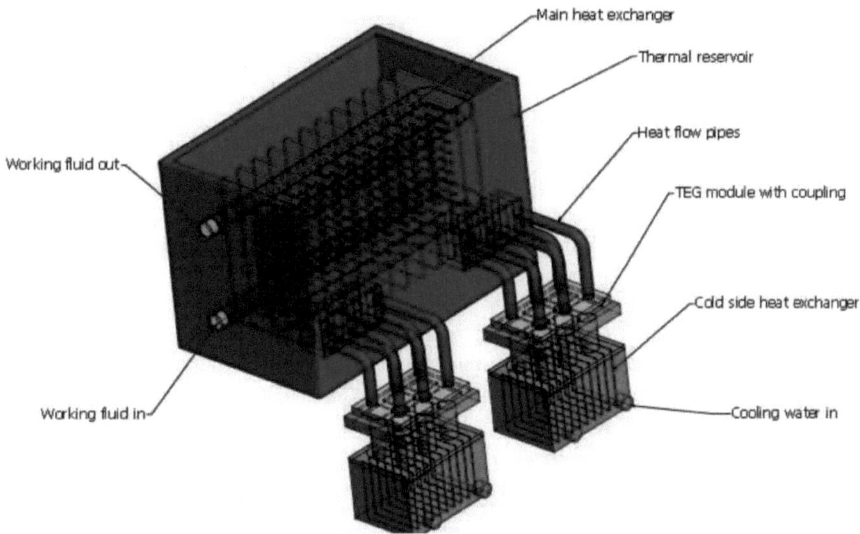

Figura 3.1: Montagem geral do sistema

O sistema, após a montagem das peças, foi efectuado como acima descrito. O permutador de calor principal transfere o calor para o reservatório térmico que o conserva. As interfaces de transferência de calor fornecem calor aos tubos de fluxo de calor e os tubos de fluxo de calor fornecem calor à placa superior do módulo TEG, que produz a junção quente.

O calor rejeitado pelos TEGs é extraído no permutador de calor do lado frio.

O reservatório térmico é utilizado para manter a mesma temperatura nas interfaces de transferência de calor sob temperaturas variáveis do fluido de trabalho.

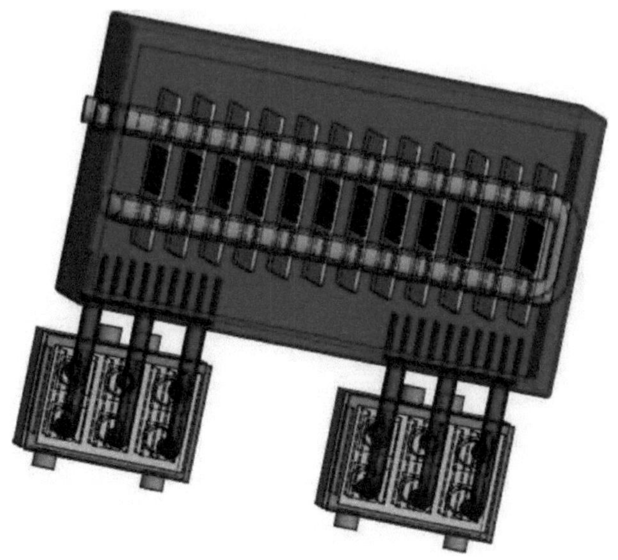

Figura 3.2: Vistas auxiliares

O permutador de calor do lado quente é essencialmente um permutador de calor de placas e tubos com quatro passagens de tubos. Tem de ser fabricado em cobre, de acordo com o projeto.

Os módulos de geradores termoeléctricos são módulos padrão disponíveis no mercado. Os módulos TEG são colocados entre as placas superior e inferior e podem ser fixados a estas com uma pasta térmica. Isto impede quaisquer deslocações indesejadas da configuração do TEG.

Os tubos de calor também têm de ser fabricados em cobre. Sempre que possível, devem ser fornecidos isolamentos no lado quente.

O permutador de calor do lado frio é um permutador de calor de fluido sólido e tem de ser fabricado em alumínio. O arrefecimento a água é aplicado e o sistema pode ser modificado de acordo com a aplicação do processo necessário.

A simulação computacional é efectuada através da dinâmica de fluidos computacional e da análise de elementos finitos, que discretizam as equações que regem o fluxo de fluidos e a transferência de calor.

Para as simulações de permutadores de calor, é efectuada uma análise CFD. Para as simulações de transferência de calor condutivo, é efectuada uma análise de elementos finitos.

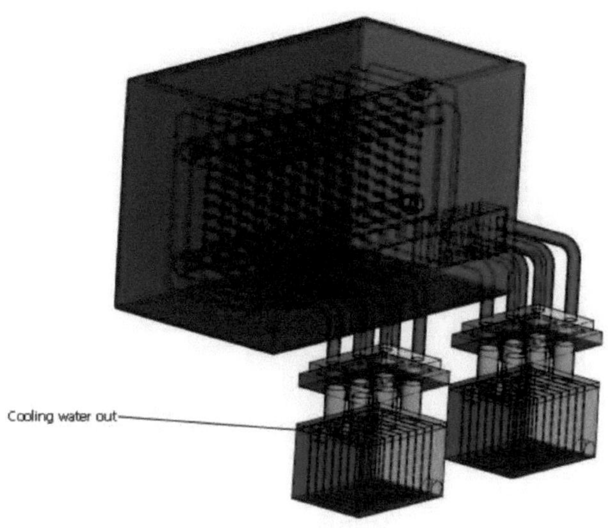

Figura 3.3: Vistas auxiliares

Diferentes componentes e conjuntos concebidos:

Permutador de calor principal:

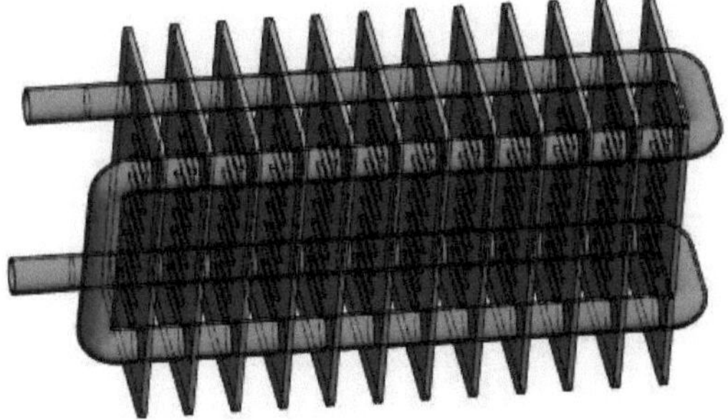

Figura 3.4: Permutador de calor principal

Módulo TEG:

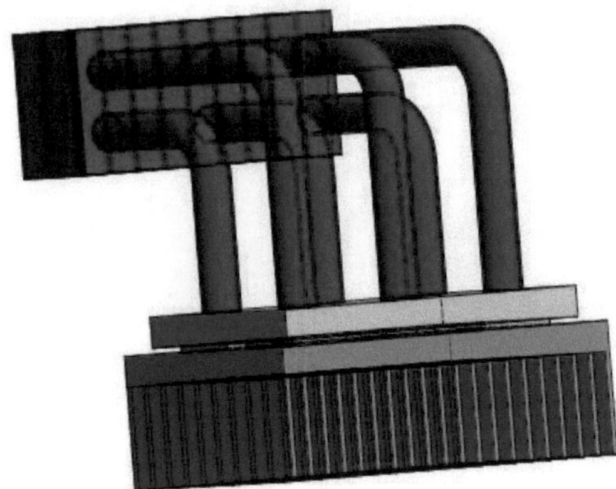

Figura 3.5: Módulo TEG, tubos de calor e interfaces sólido-fluido

Permutador de calor do lado frio:

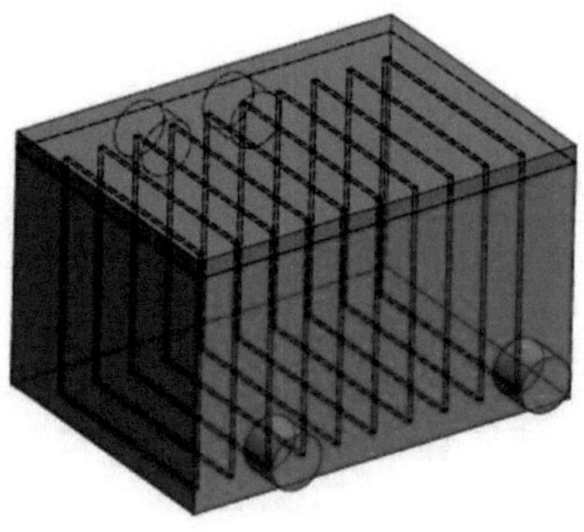

Figura 3.6: Permutador de calor do lado frio

Análise da independência da rede:

Uma vez que as simulações computacionais são efectuadas, a criação de malhas ou a discretização do domínio desempenham um papel importante. Os resultados computacionais têm de ser independentes do dimensionamento da malha. Por conseguinte, são geradas diferentes malhas em cada análise, utilizando elementos do mesmo tipo com diferentes tamanhos de elementos (normalmente, começa-se por uma malha grosseira e passa-se para uma malha fina) até os resultados convergirem. O dimensionamento adequado dos elementos é o dimensionamento no ponto de convergência.

São aplicados refinamentos de malha nas superfícies de monitorização dos parâmetros para uma melhor precisão.

CAPÍTULO 4

Visão geral:

Conceção e análise de diferentes disposições de fluxo de calor para sistemas TEG, a fim de determinar o caminho ótimo do fluxo de calor e de satisfazer a disponibilidade de um fluxo de calor simétrico para todos os módulos TEG.

Nesta análise, são projectadas diferentes vias de transferência de calor para sistemas TEG e o seu desempenho é analisado. São utilizados seis módulos TEG para fins convencionais.

Os objectivos da conceção podem ser divididos nas seguintes categorias

1. Conceção de um sistema que seja compatível com a transferência de calor necessária para a produção óptima de energia de todos os módulos TEG.

2. Conceção do sistema de modo a manter a maior diferença de temperatura possível entre as junções quente e fria do TEG.

3. Distribuição do fluxo de calor para cada TEG a partir de uma quantidade igual, a fim de evitar saídas de potência diferentes de cada módulo.

4. Adequação ou validade técnico-económica do sistema concebido para aplicações industriais, viabilidade na produção em tempo real.

Em geral, o sistema convencional de energia TEG consiste num permutador de calor de junção quente, num permutador de calor de junção fria e em placas de isolamento e de fixação. São efectuados cálculos matemáticos iniciais para estimar as áreas mínimas de transferência de calor associadas ao sistema e os requisitos de material.

Através de resultados de simulação computacional, são previstas e analisadas as novas formas de melhorar os projectos actuais.

Os seguintes requisitos têm de ser satisfeitos por qualquer projeto de permutador de calor para o sistema TEG.

1. Uma vez que os sistemas TEG devem fornecer uma potência constante para fornecer correntes constantes. A variação da corrente pode prejudicar ou encurtar a vida útil dos circuitos eléctricos e electrónicos de fluxo descendente. Para alcançar esta condição, o ponto-chave é manter um fluxo de calor constante e temperaturas constantes entre as junções quentes e frias do TEG. Por conseguinte, os permutadores de calor têm de fornecer e também remover o fluxo de calor necessário de cada junção.

2. A disposição dos tubos de calor é fundamental para a distribuição simétrica do fluxo de calor em torno dos TEGs.

Em primeiro lugar, o sistema é concebido e as taxas de remoção de calor necessárias são calculadas para diferentes diferenças de temperatura e factores de potência. Os gráficos são traçados a partir dos dados analíticos.

As simulações em estado estacionário são efectuadas ao longo de toda a análise.

O meu objetivo é conceber o sistema de modo a manter uma diferença de temperatura estável de 200 graus entre duas junções e a viabilidade de implementar o projeto para fins comerciais.

Área mínima de transferência de calor necessária para um fluxo de calor ininterrupto em estado estacionário.

Nesta análise, assume-se que a área da placa é constante. Porque a transferência de calor não depende da espessura da placa em estado estacionário. Mas os tubos de calor são críticos em estado estacionário; por conseguinte, deve ser determinada a área óptima de transferência de calor para cada tubo de calor. A conceção pode ser considerada como fornecendo a mesma quantidade de calor a todos os TEGs devido à conceção simétrica.

Análise 1:

Neste caso, é aplicada uma convecção constante na extremidade da junção fria e também uma geometria constante para a junção fria. A área da secção transversal dos tubos de calor de entrada varia a partir de um valor mínimo. São utilizados tubos ocos de cobre para os tubos de calor. Um critério de convergência é considerado como a minimização do erro até 1e-6.

Malha:

A malha seguinte é gerada utilizando elementos triangulares. O comprimento mínimo das arestas é de 0,16 mm e os refinamentos da malha são aplicados nas superfícies de contorno da monitorização sob verificação da independência da malha.

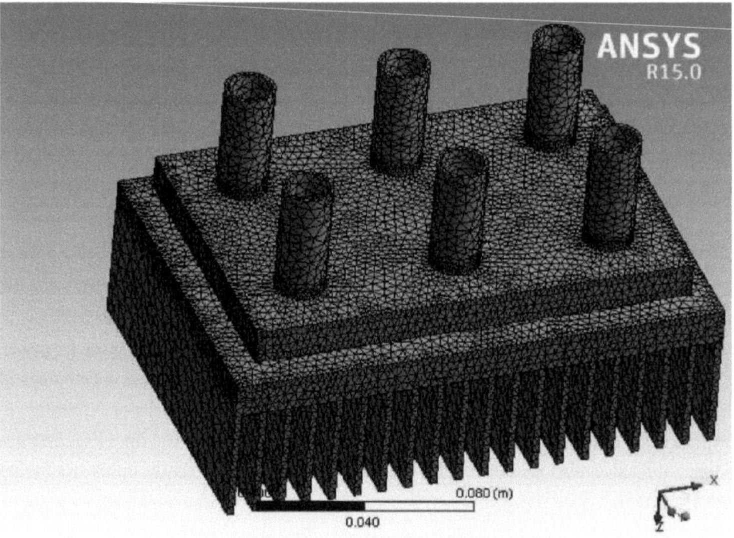

Figura 4.2: Malha global

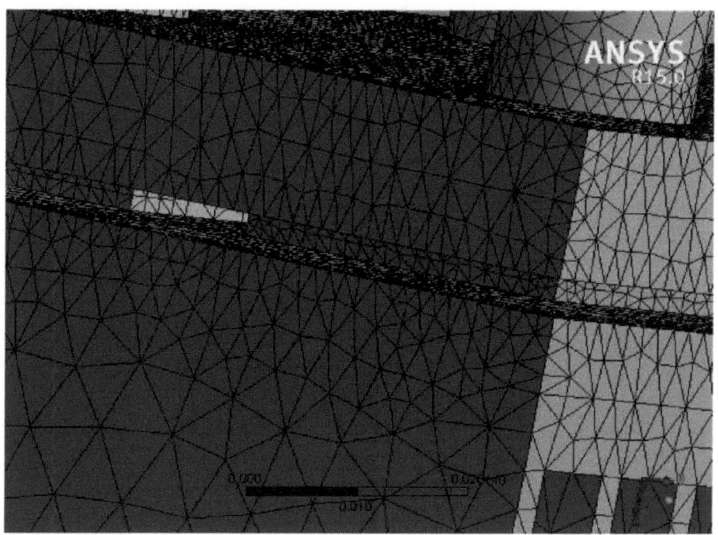

Figura 4.3: Refinamentos de malha nas áreas do TEG

Condições de fronteira:

A convecção forçada de 40W/m^2 é aplicada na extremidade dos tubos de calor.

São aplicadas temperaturas constantes de 250 graus e 50 graus às placas superior e inferior, respetivamente.

As dimensões normalizadas dos tubos de cobre são aplicadas pelos fabricantes. Este procedimento é implementado para facilitar a produção em tempo real do aparelho.

A análise é iniciada a partir do diâmetro mínimo e aumentada de acordo com a disponibilidade.

Para o permutador de calor do lado frio, é concebido um sistema de alhetas que está sujeito a uma convecção constante com a atmosfera.

Cada módulo TEG fornece 40W de potência como eletricidade. Esta produção de energia é representada no modelo como fluxo de calor de uma superfície vertical do TEG como 40W.

Os gráficos são traçados em conformidade.

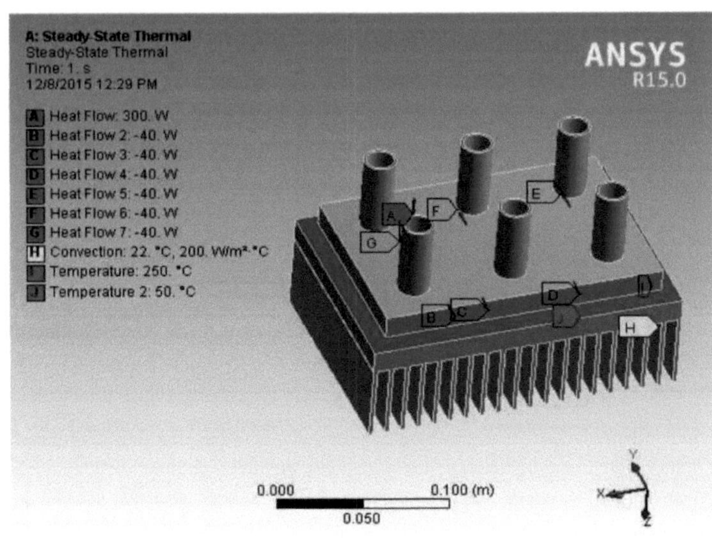

Figura 4.2: Condições de fronteira

ASTM B88 TYPE K

Outer diameter		Wall thickness		Nominal weight	Form
Inch	mm	Inch	mm	Kg/M	
3/8	9.525	0.035	0.89	0.216	Straight
1/2	12.7	0.049	1.25	0.402	Straight
5/8	15.875	0.049	1.25	0.513	Straight
3/4	19.05	0.049	1.25	0.625	Straight
7/8	22.225	0.065	1.65	0.953	Straight
1 1/8	28.575	0.065	1.65	1.250	Straight
1 3/8	34.925	0.065	1.65	1.540	Straight
1 5/8	41.275	0.072	1.83	2.025	Straight
2 1/8	53.975	0.083	2.11	3.072	Straight
2 5/8	66.675	0.095	2.41	4.350	Straight
3 1/8	79.375	0.109	2.77	5.960	Straight
3 5/8	92.075	0.120	3.05	7.622	Straight
4 1/8	104.775	0.134	3.40	9.675	Straight
5 1/8	130.175	0.160	4.06	14.370	Straight
6 1/8	155.575	0.192	4.88	20.645	Straight
8 1/8	206.375	0.271	6.88	38.530	Straight

Tabela 4.1: Dimensões standard dos tubos de cobre (Cortesia da Vickers Inc.)

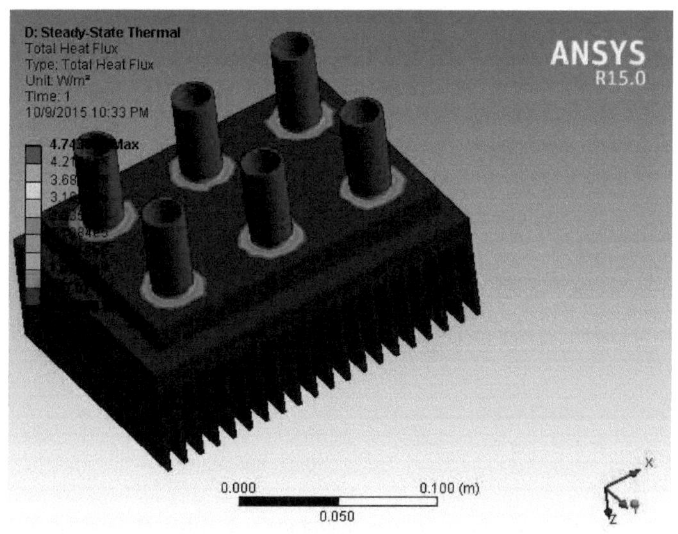

Figura 4.1: Contornos do fluxo de calor total para a análise 1

Resultados da simulação:

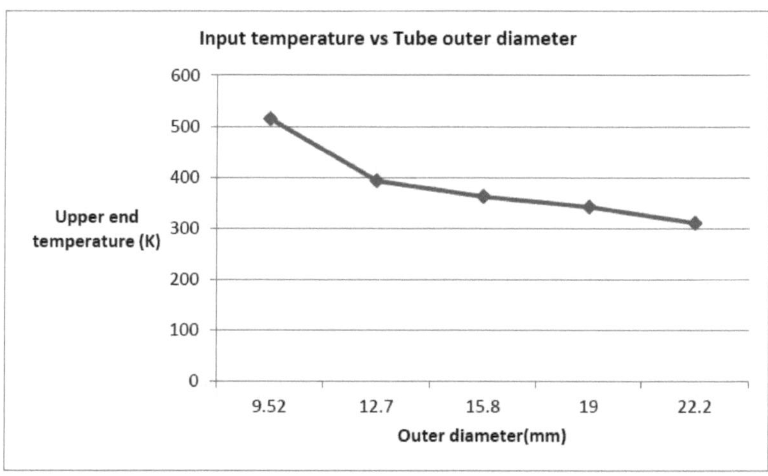

Figura 4.2: Variação da temperatura de entrada com o diâmetro exterior do tubo

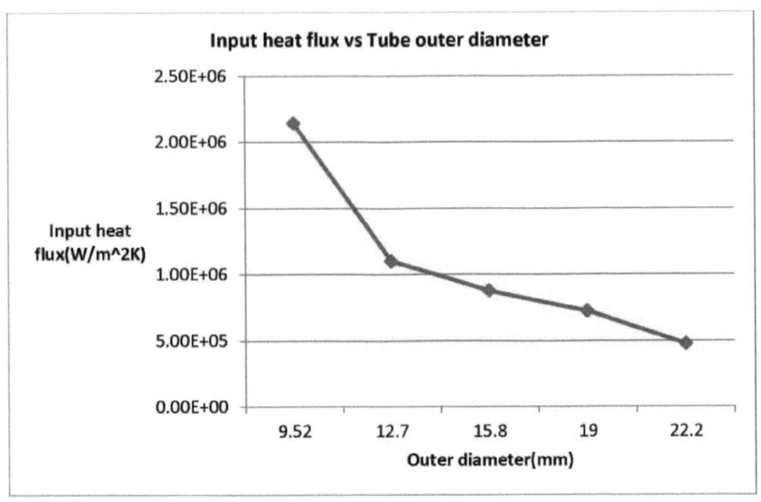

Figura 4.3: Variação do fluxo de calor de entrada com o diâmetro exterior do tubo

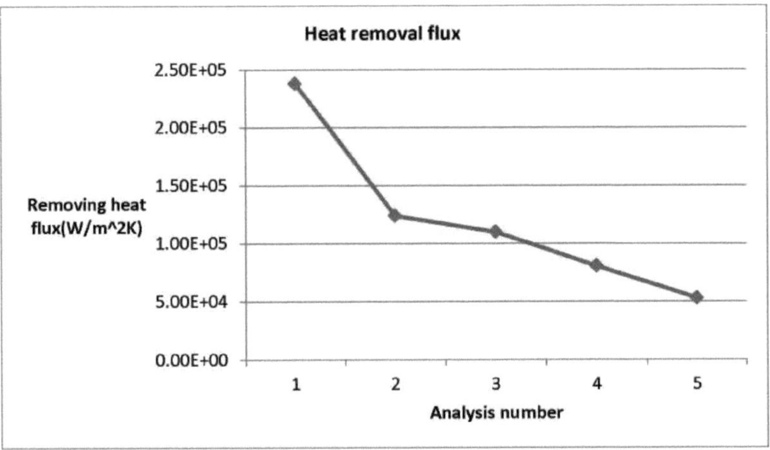

Figura 4.4: Fluxo de remoção de calor para cada configuração na análise 1

Resultados e discussão:

É óbvio a partir dos resultados que o aumento da área da secção transversal dos tubos de calor reduz as temperaturas de entrada necessárias para o desempenho do sistema. Além disso, o fluxo de calor reduz-se exponencialmente com o aumento da área de transferência de calor.

A temperatura mínima registada para a entrada é de 310,89 graus e a máxima de 514,9 graus.

A temperatura intermédia de 342,3 graus está disponível para tubos de calor com 19 mm de diâmetro exterior e 16,5 mm de diâmetro interior.

Para evitar uma conceção volumosa e a possibilidade de atingir uma temperatura de entrada acima do diâmetro intermédio, o sistema é preferido.

Desenho selecionado:

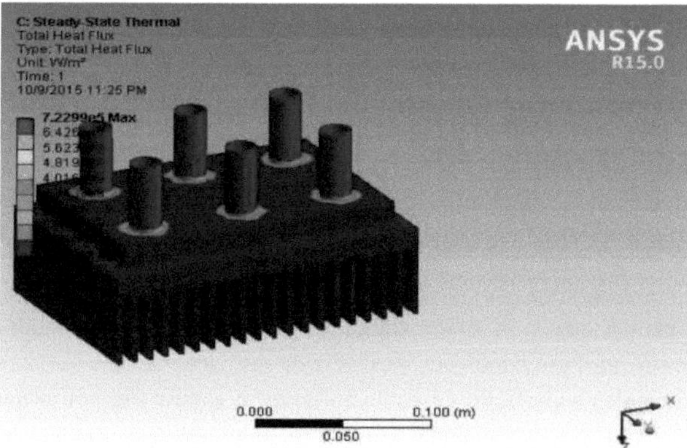

Figura 4.5: Desenho selecionado

Por conseguinte, para um desempenho correto do sistema, é necessário manter a temperatura do tubo de calor de entrada igual ou superior a 342 graus e um fluxo de calor igual ou superior a 7,22E+05W/m^2. Para um aumento geométrico, a temperatura também deve aumentar em conformidade. Os permutadores de calor do lado quente e do lado frio têm de estabelecer os requisitos acima referidos em conformidade.

CAPÍTULO 5

Visão geral:

Conceção do permutador de calor do lado quente (permutador de calor principal) para o módulo TEG:

Para o funcionamento do TEG, de acordo com o projeto, é necessário fornecer continuamente 300 W de calor à placa superior do TEG e manter uma temperatura mínima de 342 graus no lado quente.

A partir da pesquisa bibliográfica, é evidente que a utilização de um permutador de calor de placas e tubos é adequada para a causa. A única limitação deste tipo de permutador de calor é o seu comportamento transitório. Para condições variáveis de insolação solar e temperaturas variáveis do fluido, as temperaturas das superfícies de contacto também variam em conformidade. Para reduzir este fenómeno, o projetista pode aumentar o número de placas (ou seja, aumentar o número de superfícies de contacto) e aumentar a conservação do calor no sistema.

Em primeiro lugar, é concebido e analisado um permutador de calor do tipo casco e tubo. O permutador de calor é constituído por um número de tubos que permitem o fluxo para o HTF e um fluido estacionário no lado do casco que é continuamente aquecido pelo HTF por transferência de calor do lado do tubo para o lado do casco. Os tubos de calor de entrada do módulo TEG são mergulhados no fluido do lado do invólucro para que o calor seja transferido para o módulo TEG. O permutador de calor tem de ser isolado tanto quanto possível para evitar a perda por convecção para o ambiente circundante com o aumento da temperatura.

O principal objetivo do projeto é dimensionar o permutador de calor e maximizar a transferência de calor com uma diferença de temperatura média logarítmica mínima. Além disso, é necessário garantir que as temperaturas não ultrapassem os 400 graus no sistema, caso contrário, provoca a fusão dos materiais. Isto pode ser conseguido utilizando termóstatos montados no módulo que cortam o fluxo de fluido quando necessário.

As simulações em estado estacionário são efectuadas ao longo de toda a análise.

Os gráficos são traçados entre o comprimento dos tubos e a diferença de temperatura média registada.

Sendo n = número de passagens do tubo

Onde L = comprimento dos tubos em metros

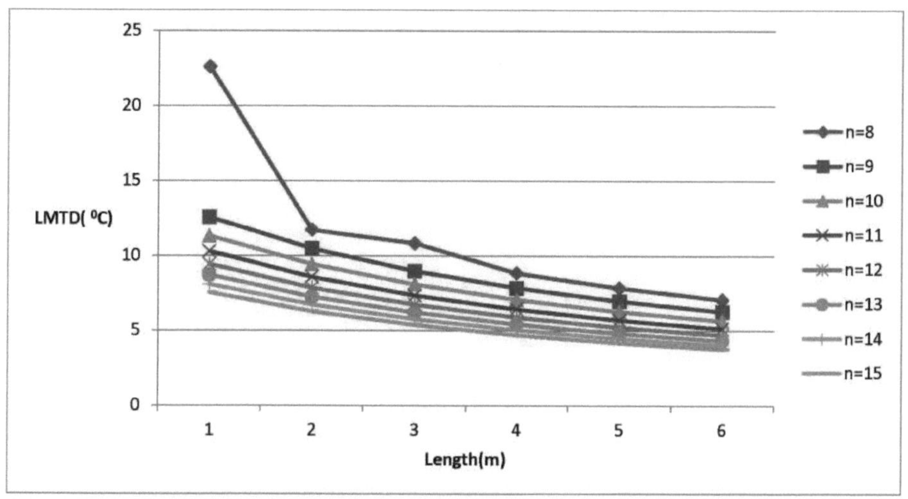

Figure 5.1: LMTD variation with tube length and no of passes

A partir da análise quando n=9 ou mais, observa-se uma variação conveniente de LMTD. De acordo com as restrições de espaço, o número de tubos e o comprimento situam-se entre 0,5 e 0,7 m, pelo que se considera preferível o valor médio de 0,6 m com 15 passagens de tubo e um LMTD máximo de 6,27 graus.

Ao aumentar a área de superfície dos tubos com a utilização de alhetas internas, o LMTD pode ser reduzido ainda mais. As considerações seguintes são efectuadas para a análise acima referida:

1. A taxa de transferência de calor é fixada em 400W

2. Coeficiente de transferência de calor U = 1/Din+[(Do-Din)/(Do+Din)]*Do/k+1/Do que se baseia na superfície exterior dos tubos

3. Taxa de transferência de calor W=U*A*LMTD

4. Em que A=área mínima de transferência de calor

Normalmente, os permutadores de calor são projectados para o máximo LMTD possível. Mas neste caso, o LMTD é minimizado porque a diminuição da temperatura do HTF para um valor mais elevado provoca a necessidade de mais ganho de calor no tubo absorvente no PTC, pelo que pode haver uma tendência para que a temperatura HTF à entrada do permutador de calor seja inferior à temperatura de entrada anterior em qualquer intervalo de tempo. Mesmo com um pequeno LMTD, a transferência de calor necessária é alcançada com a ajuda do projeto. Com a ajuda da pesquisa bibliográfica, o tipo de permutador de calor de placas e tubos é finalizado como o mais adequado e económico. Por conseguinte, o permutador de calor de placas e tubos é inicialmente concebido de acordo com a análise efectuada acima e simulado, respetivamente.

Conceção inicial do núcleo:

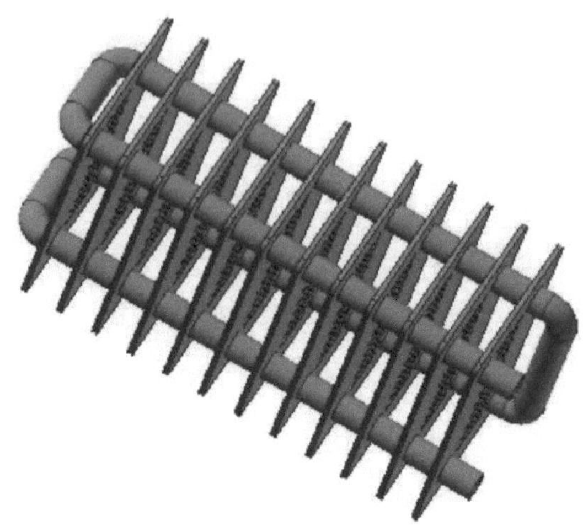

Figura 5.2: Conceção do núcleo implementado

A análise CFD é efectuada nas fases seguintes:

Materiais:

O cobre é aplicado nas alhetas e no tubo e considera-se que existe uma soldadura perfeita entre as alhetas e o tubo. O alumínio pode ser utilizado para o projeto, tendo em conta as propriedades de leveza, mas para o permutador de calor do lado quente, devido à necessidade máxima de transferência de calor, tem de ser a prioridade. O alumínio tem um baixo coeficiente de transferência de calor em comparação com o cobre. Portanto, para esta aplicação, o cobre é finalizado como o material adequado.

Malha:

A malha é efectuada com elementos triangulares com um comprimento máximo de aresta de 22,2 mm. A qualidade da malha é verificada através da verificação da independência da grelha. Os refinamentos são efectuados na superfície do tubo entre cada placa adjacente.

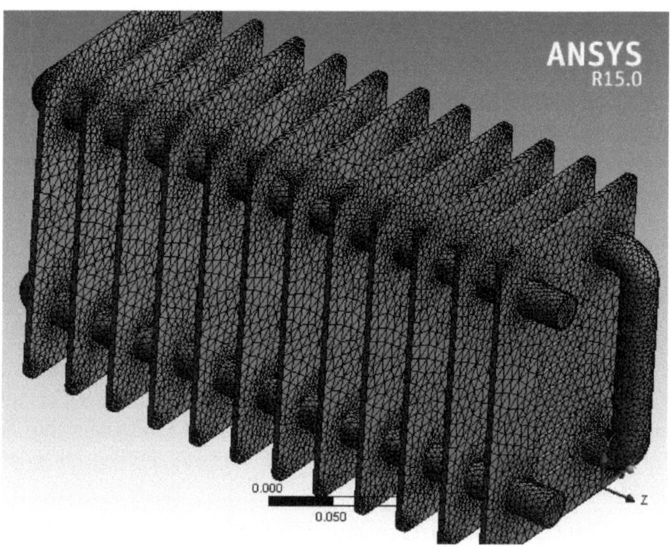

Figura 5.3: Malha gerada

Condições de fronteira aplicadas:

A nomenclatura da superfície do modelo é apresentada na figura seguinte.

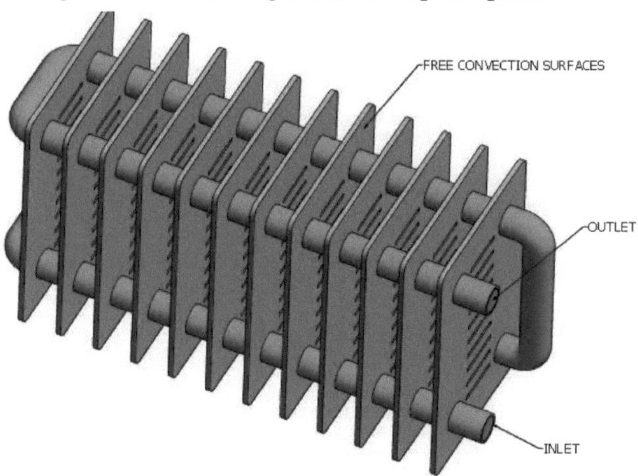

Figura 5.4: Nomenclatura das condições de fronteira

O modelo é simulado com a atribuição de condições de fronteira de convecção a todas as superfícies exteriores com condições de funcionamento predefinidas. O modelo de turbulência é ativado porque, para todos os caudais mássicos aplicados, o número de Reynolds situa-se na região de turbulência.

São dados diferentes caudais de massa e temperaturas à entrada do tubo central e é examinada a respectiva temperatura de saída. Também são examinados o fluxo de calor na superfície exterior e o coeficiente de transferência de calor. O mesmo fluido diatérmico é utilizado como fluido de reserva de calor.

Análise 1:

Nesta análise, as condições de funcionamento da superfície exterior são mantidas fixas a 673K (temperatura máxima prevista). São dados diferentes caudais mássicos com temperaturas de entrada constantes e são representadas as respectivas temperaturas de saída. Ao mesmo tempo, são representados o coeficiente de transferência de calor da superfície exterior e o fluxo de calor da parede. Para todas as análises, o critério de convergência é considerado como a minimização do erro até 1e-6.

Condições de fronteira:

O caudal mássico inicial é tomado como 0,1 kg/s e são dados incrementos de 0,1 kg/s até 2 kg/s. Os critérios de convergência são esperados na simulação a um caudal mássico específico. A temperatura do fluido de entrada é superior em 20 graus (693K) à temperatura de funcionamento para observar uma variação específica. Esta condição pode ser diferente para diferentes tamanhos de PTC. A área de superfície é constante, pelo que a transferência global de energia é diretamente proporcional à taxa de transferência de calor.

O principal objetivo desta simulação é obter um valor pré-determinado do caudal mássico adequado para as melhores condições de funcionamento e utilizá-lo nas simulações seguintes.

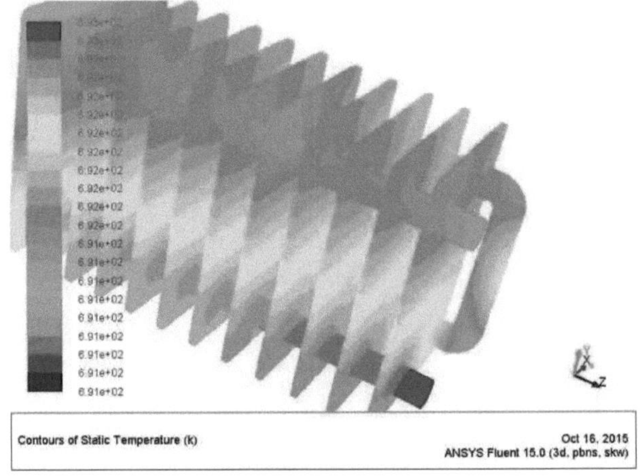

Figura 5.5: Contornos da temperatura estática para a análise 1

Resultados da simulação:

A partir dos resultados, foram elaborados os gráficos seguintes.

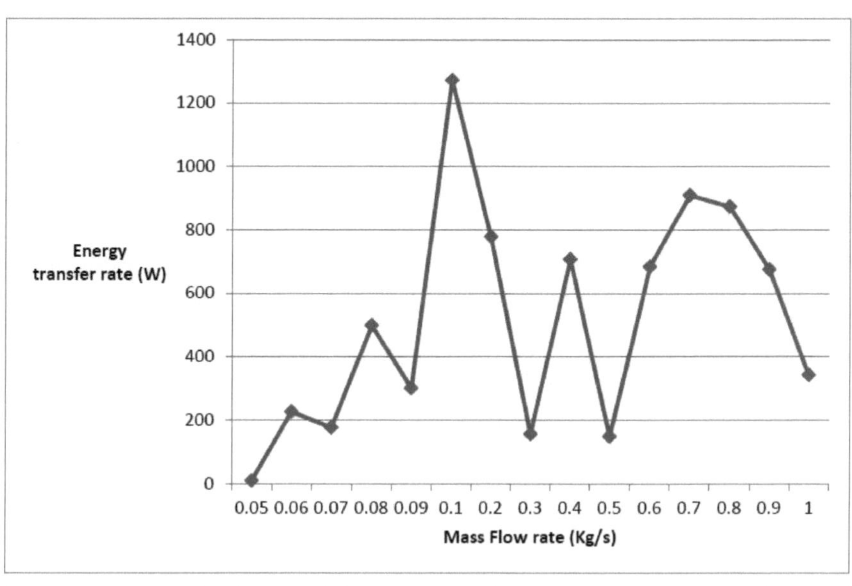

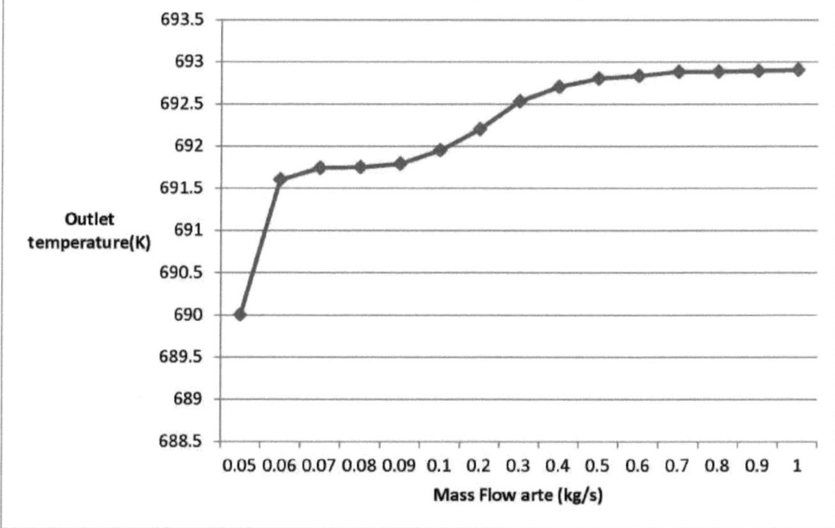

Figuras do conjunto 5.6: Transferência de energia e temperatura de saída do HTF vs. caudal mássico

O aumento da temperatura de saída em relação ao caudal mássico estabelece a validade da simulação. Mas não existe uma correlação direta para a variação do fluxo de energia para o fluido do reservatório. No ponto de caudal mássico de 0,05 kg/s, observa-se refluxo e, no caudal mássico de 1 kg/s, a temperatura máxima de saída atinge a temperatura de entrada, pelo que a simulação é limitada entre esses valores-limite.

A transferência máxima de calor é dada com um caudal mássico de 0,1 kg/s. Existem 8 valores de caudais mássicos que proporcionam uma transferência de calor superior a 400W. Os caudais mássicos de 0,2, 0,4 e 0,6 fornecem valores aproximadamente próximos . Também os valores de 0,7 a 1kg/s parecem adequados, mas requerem uma maior potência de bombagem em comparação com os anteriores. O caudal mássico não pode ser reduzido para uma pequena quantidade, mesmo que a transferência de calor necessária ocorra, mas a tendência para aumentar o refluxo devido a efeitos viscosos e gravitacionais também aumenta com isso. Por conseguinte, recomenda-se um valor moderado do caudal mássico, como 0,2 a 0,6 kg/s, para esta aplicação.

O comportamento aleatório da taxa de transferência de energia deve-se principalmente à variação do coeficiente de convecção entre as superfícies exteriores e o fluido. Este problema ocorre no solucionador devido à complexidade da geometria.

As figuras seguintes mostram contornos de temperaturas estáticas ao longo das superfícies de placas e tubos para caudais mássicos específicos.

MFR 0,05kg/s

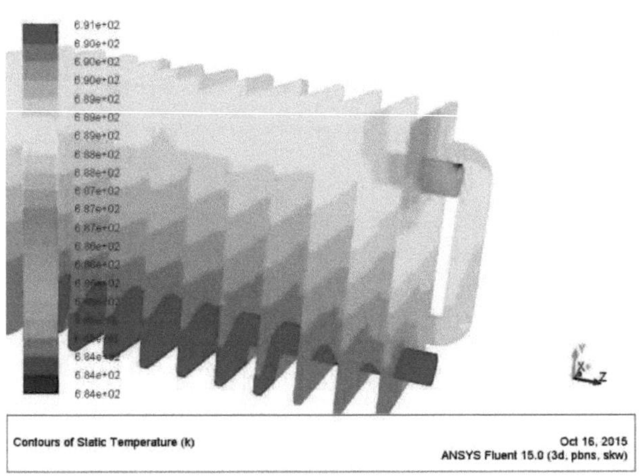

MFR 0,5kg/s

Contours of Static Temperature (k)
Oct 16, 2015
ANSYS Fluent 15.0 (3d, pbns, skw)

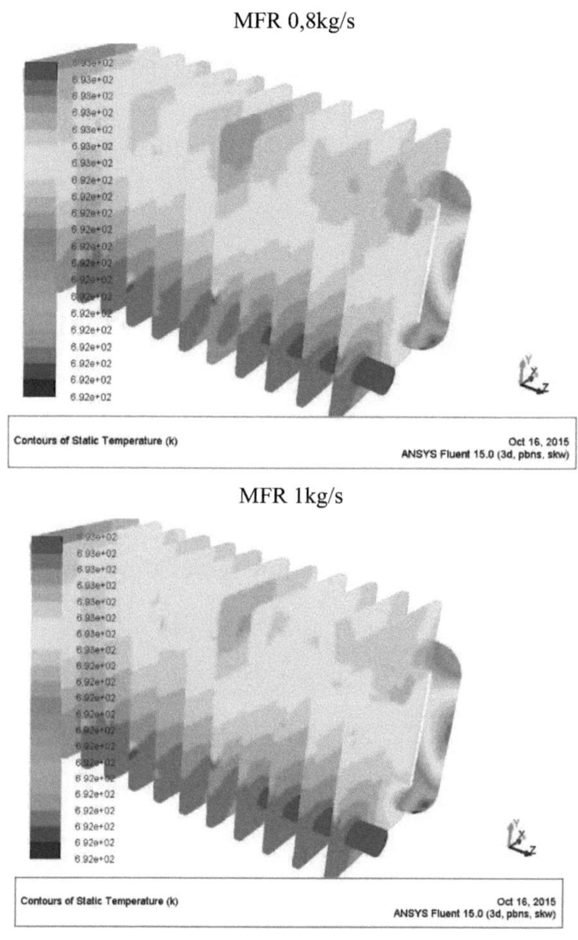

Figuras do conjunto 5.7: Contorno da temperatura estática ao longo das superfícies exteriores da placa

Análise 2:

Esta análise é efectuada da seguinte forma.

Para cada simulação é adoptada uma temperatura pré-determinada do fluido do reservatório. Utilizando correlações de convecção natural, obtém-se o coeficiente inicial de transferência de calor por convecção. Após a simulação, compara-se o coeficiente real de transferência de calor por convecção disponível nas superfícies especificadas das alhetas. Compara-se também a dissipação total de calor predeterminada e a dissipação de calor simulada. A variação das propriedades do fluido Diatherm é tida em conta em cada solução.

As seguintes correlações são utilizadas na análise:

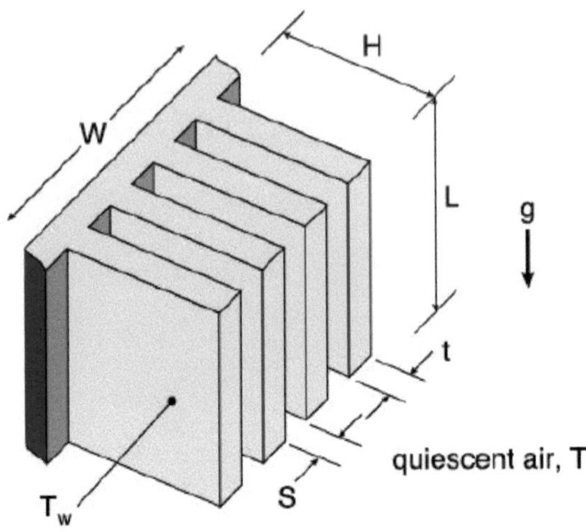

Figura 5.8: Nomenclatura para superfícies alargadas

$$Ra = Gr\,\mathrm{Pr} = \frac{g\beta(T_s - T_\infty)\delta^3}{\nu^2}\mathrm{Pr}$$

$$Nu = \frac{h\delta}{k} = CRa^n$$

$$S_{opt} = 2.714\frac{L}{Ra^{1/4}}$$

$$h = 1.31\frac{k}{S_{opt}}$$

Ao determinar a temperatura média global Tf, é efectuada a média entre a temperatura de entrada do HTF e a temperatura inicial do fluido do reservatório. Os erros de cálculo são anulados devido à compensação de β=1/Tf no denominador e Tin-Tres no numerador.

O espaçamento predeterminado das alhetas está disponível a partir da correlação e o número de alhetas necessárias pode ser calculado a partir de n = L/(Sopt+t). Onde n é o número de aletas, t é a espessura da aleta e L é o comprimento do sistema considerado.

A taxa de transferência de calor predeterminada pode ser calculada da seguinte forma: H = hpre * n* l*w *dT

Onde l e w são o comprimento e a largura da aleta, respetivamente. dT é a diferença de temperatura dT= Ts- Tres e hpre = coeficiente de transferência de calor pré-determinado.

Configuração 1:

Aqui, a temperatura de entrada do HTF é mantida no valor máximo possível (400 graus) e a temperatura do fluido do reservatório é iniciada inicialmente a partir da temperatura ambiente (30 graus) e são efectuados incrementos de 20 graus, mantendo as outras condições constantes. Os fluxos de calor disponíveis e os coeficientes de transferência de calor, bem como a dissipação de energia das alhetas, são comparados com a temperatura do fluido do reservatório.

A transferência de calor máxima teórica possível é considerada como,

Hmaxtheo = Área total da barbatana* Predet h * (Tin - Tres)

O pressuposto acima é feito para verificar diretamente as diferenças entre os resultados da simulação e os resultados empíricos, de modo a produzir uma melhor clarificação.

O caudal mássico inicial é mantido constante como 0,2 kg/s. (0,2 kg/s é determinado a partir da análise1)

Resultados da simulação:

Os contornos da temperatura e do fluxo de calor das alhetas no ponto de convergência são os seguintes

Onde **Htc = Coeficiente de transferência de calor**

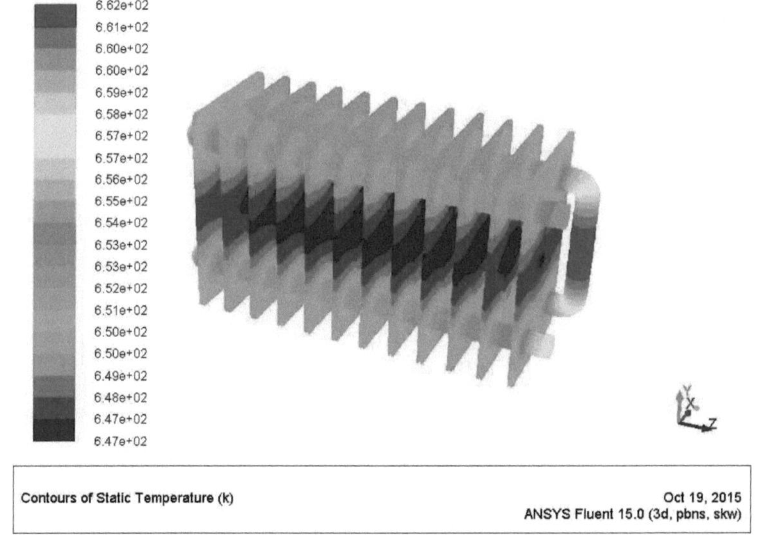

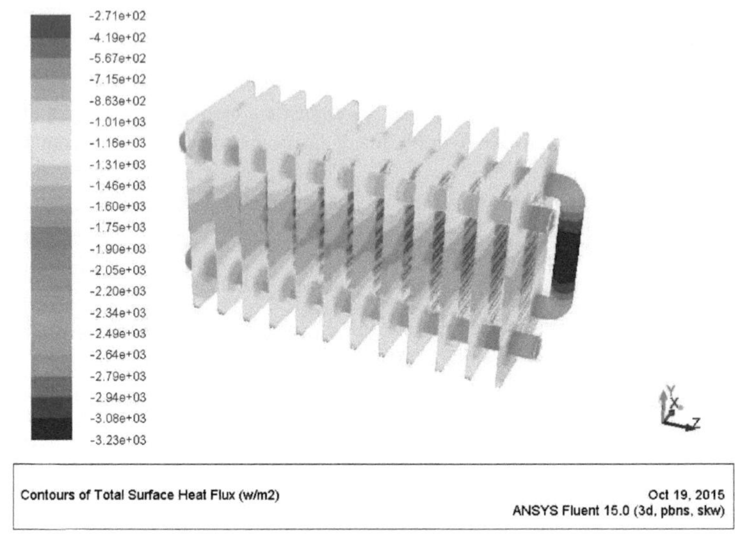

Conjunto de figuras 5.9: Contornos dos parâmetros para a análise 2

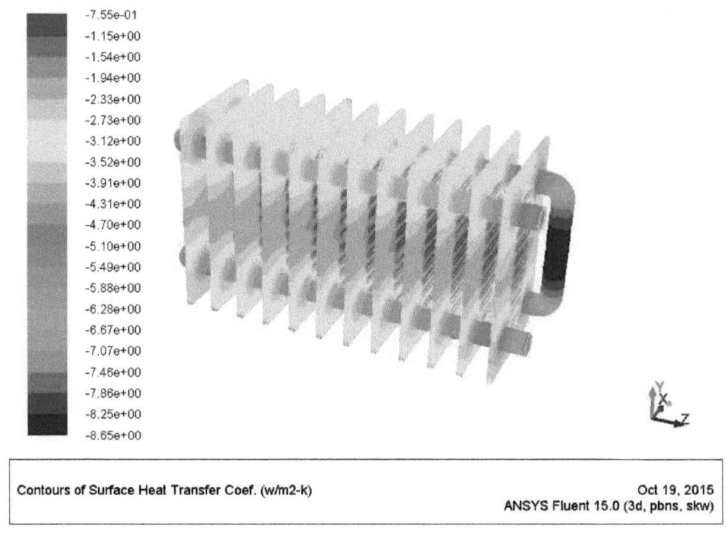

Conjunto de figuras 5.9: Contornos dos parâmetros para a análise 2

Temperatura do fluido do reservatório versus Htc predeterminado e Htc disponível:

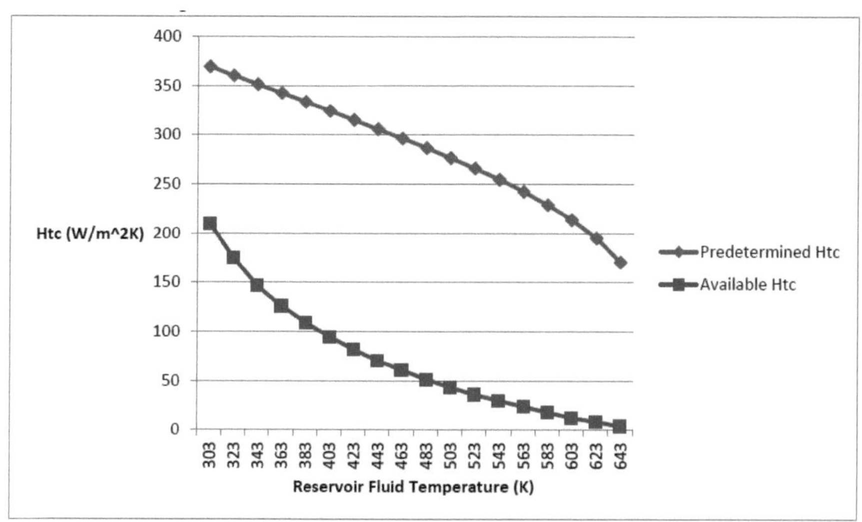

Figura 5.10: Htc com a temperatura do fluido do reservatório

Temperatura do fluido do reservatório versus temperatura média da superfície da aleta:

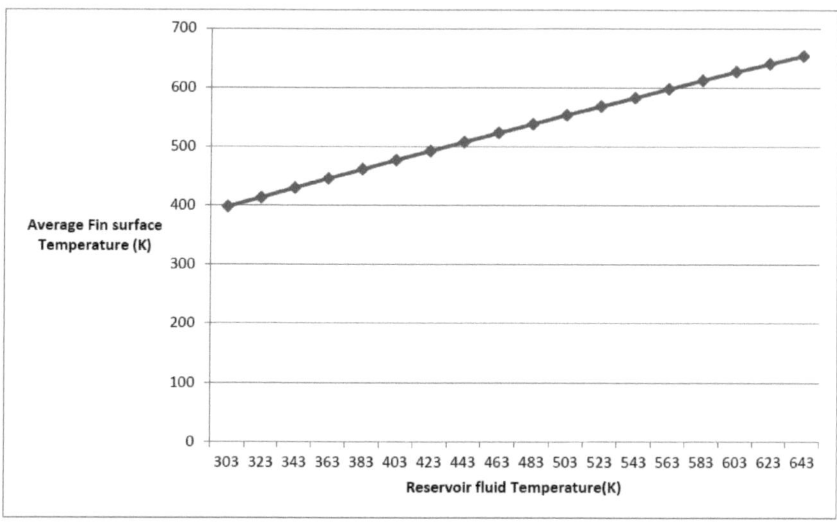

Figura 5.11: Temperatura média das alhetas vs. temperatura do fluido do reservatório

Dissipação de energia predeterminada e dissipação de energia simulada versus temperatura do fluido do reservatório:

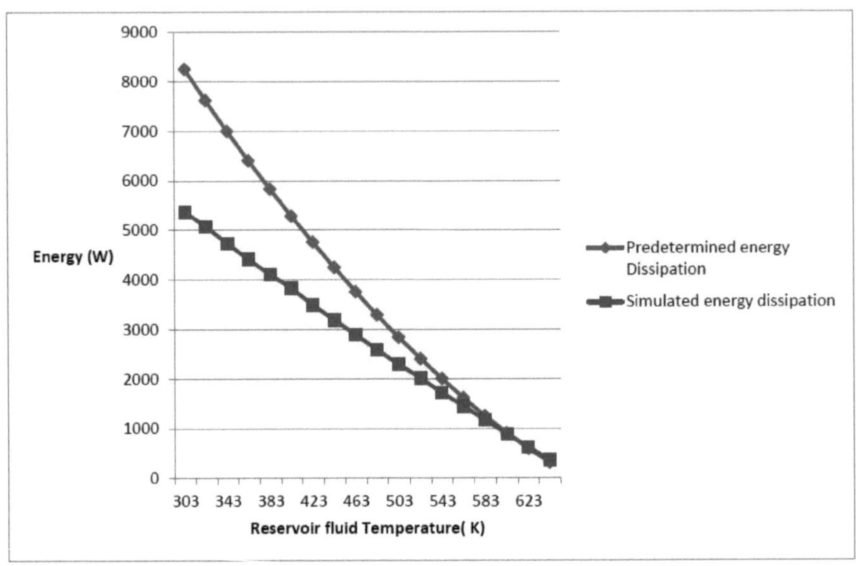

Figura 5.12: Dissipação de energia predeterminada e dissipação de energia simulada versus temperatura do fluido do reservatório

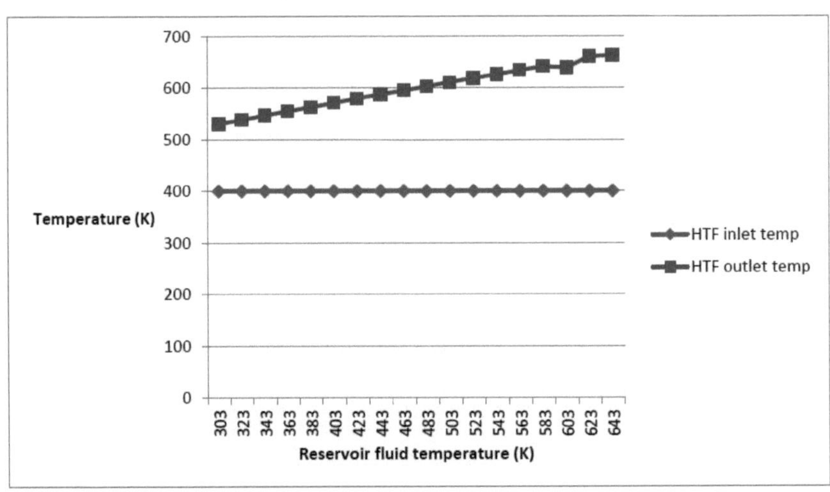

Figura 5.13: Temperatura de saída do HTF versus temperatura do fluido do reservatório:

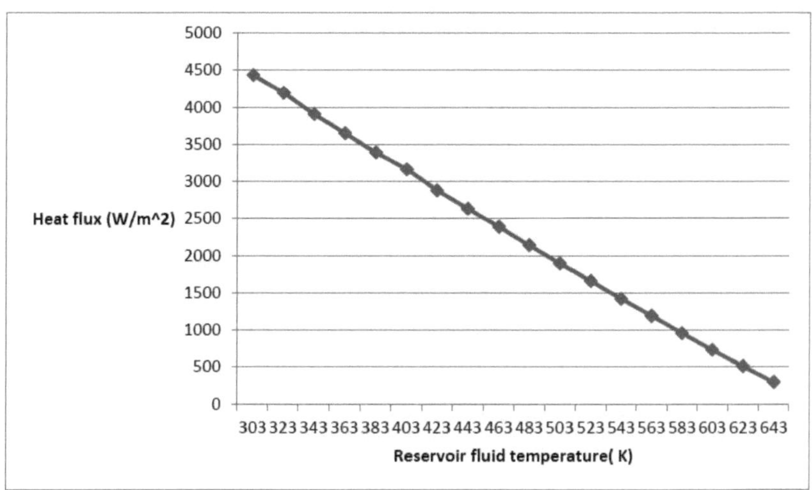

Figura 5.14: Fluxo de calor superficial médio versus temperatura do fluido do reservatório

Resultado e discussão:

O ponto de convergência na dissipação de energia é 623K. Este ponto implica a condição máxima de funcionamento em que o permutador de calor é útil. Na condição máxima de funcionamento, o permutador de calor mantém 617,7 W, o que é 35% superior à dissipação de energia necessária para o funcionamento dos TEGs. A partir do comportamento do gráfico, podemos prever que o núcleo dissipará 400W de energia a 630K aproximadamente... Os resultados da simulação justificam a exatidão da conceção do núcleo necessário. A única desvantagem do projeto é o facto de não se sustentar até 673K. Mas o projeto continua a ser aplicável devido ao fornecimento de energia 35% mais elevado, juntamente com a manutenção correta da temperatura (350K) feita pelo projeto atual.

Finalmente, este projeto de núcleo é implementado no módulo TEG e utilizado para análise posterior. É óbvio, a partir dos resultados, que o coeficiente de transferência de calor obtido a partir da correlação e o coeficiente de transferência de calor obtido a partir da simulação, o segundo tem um valor inferior. A razão para tal é que as correlações empíricas não prevêem os efeitos devidos a homogeneidades geométricas, são geradas através de condições geométricas específicas e, por conseguinte, para geometrias diferentes, fornecem resultados imprecisos. Por conseguinte, é nessa altura que a análise numérica entra em ação.

Quando se observa a temperatura de saída do HTF, o gráfico parece quase linear. Parte-se do princípio de que o PTC está a fornecer a energia necessária para aumentar a temperatura de entrada do HTF e para manter 673 K durante toda a simulação. Esta hipótese não afecta a precisão dos resultados, mas permite uma melhor clarificação dos dados.

Os aparelhos reais podem estar sujeitos a várias condições transitórias, mas para justificar a validade do projeto, esta simulação pode ser considerada suficiente.

CAPÍTULO 6

Visão geral:

Conceção da interface de transferência de calor entre o reservatório térmico e os tubos de fluxo de calor de alimentação.

A interface de transferência de calor entre o fluido do reservatório e os tubos de calor de cobre desempenha um papel importante no aparelho. A transferência de calor por convecção natural ocorre entre as interfaces fluido-sólido porque as velocidades do fluido associadas são relativamente baixas.

O projeto tem de satisfazer a transferência máxima de energia também com transferência contínua de energia.

Em primeiro lugar, o dimensionamento aproximado da peça é feito através de cálculos teóricos e a otimização e os testes posteriores são feitos através de simulações.

Como ponto de partida, a área da secção transversal total dos tubos de calor individuais do módulo TEG é considerada como a área da secção transversal do tubo de calor de saída do reservatório. As superfícies estendidas são concebidas no início do tubo de calor, pelo que terão contacto suficiente com o fluido quente estacionário do reservatório.

Área do tubo de calor principal = 69,86 * 6 = 417,6 mm^2

A área da superfície alargada é considerada como 5 vezes a área do tubo de calor= 417,6 * 5 = 2088mm$^{(2}$

A área alargada é concebida como uma disposição regular de alhetas.

Ao projetar e analisar, observei que não haverá transferência de calor simultânea para cada tubo de transferência de calor do módulo TEG. Por conseguinte, a única solução viável é que cada tubo de transferência de calor tem de ser ligado diretamente às superfícies alargadas da interface. Esta solução não é viável para um grande número de sistemas TEG, mas não existe outra solução possível. Por conseguinte, é adoptada esta conceção.

As simulações em estado estacionário são efectuadas ao longo de toda a análise.

É adoptada e simulada a seguinte conceção:

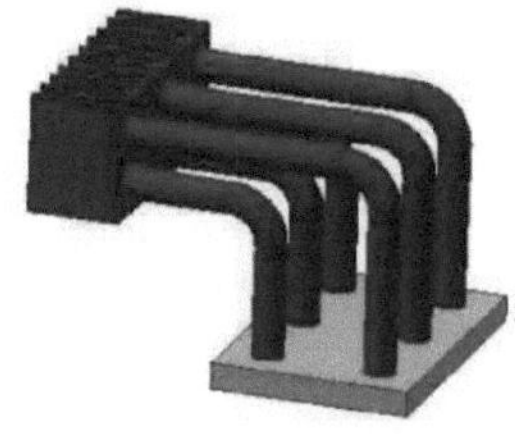

Figura 6.1: Conceção adoptada

Malha gerada:

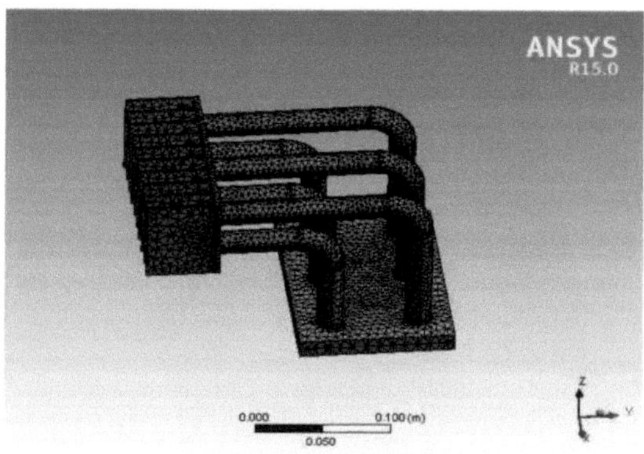

Figura 6.2: Malha gerada

Procedimento de simulação:

A simulação é efectuada em condições de estado estacionário.

São aplicadas as seguintes condições de fronteira.

O fluxo de calor a partir da superfície inferior (ou seja, a junção quente do TEG) é dado como 400W/m^2

Uma vez que o fluido e o sólido estão estacionários, podemos assumir que não há interrupção devido à convecção na interface. Assim, assumindo uma condução ininterrupta na interface, a temperatura respectiva de 342^{0}C é dada à placa TEG e 350^{0}C é dada à interface.

Resultados da simulação:

Obtém-se uma solução de estado estacionário aceitável do seguinte modo

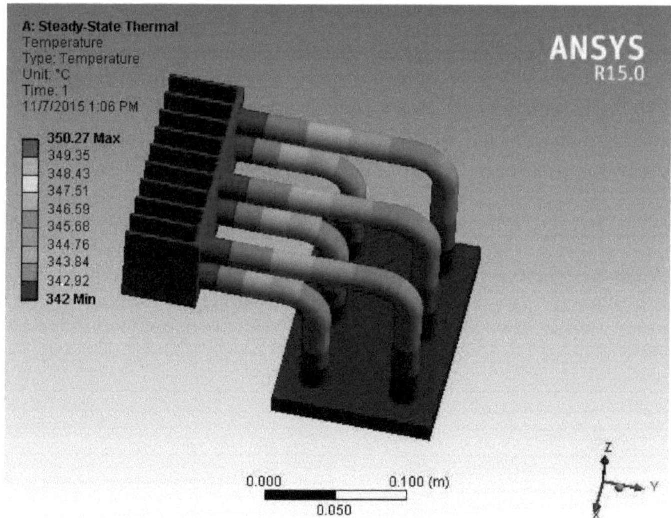

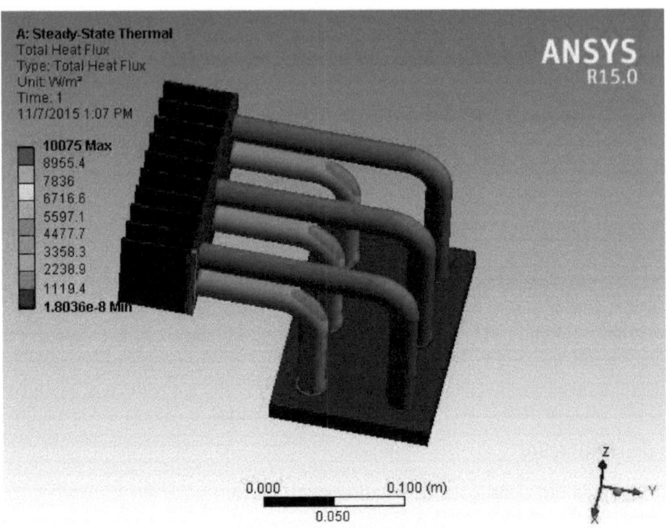

Figura 6.1: Contornos de parâmetros específicos

Resultados e discussão:

Obtém-se um fluxo de calor médio total de 3917,5 W/m^2 que é quase paralelo às aproximações analíticas. O projeto é compatível com o fornecimento de um fluxo de calor igual para cada módulo TEG e a distribuição da temperatura ao longo dos tubos de transferência de calor é bastante paralela entre si.

Uma vez que esta conceção não apresenta quaisquer desvios anormais. Por conseguinte, esta conceção é adaptada para a modelação posterior do sistema.

CAPÍTULO 7

Visão geral:

Conceção do permutador de calor do lado frio para o módulo TEG.

A manutenção correta da temperatura no lado frio desempenha um papel vital no módulo TEG. Uma vez que o sistema TEG pode ser equiparado a um motor térmico que absorve calor, fornece trabalho e também rejeita calor para o reservatório de baixa temperatura. Por conseguinte, o permutador de calor do lado frio tem de ser compatível com a remoção de calor suficiente com a taxa de transferência de calor necessária.

Existem dois modelos de permutadores de calor que são preferidos para esta aplicação.

1. Permutador de calor tipo aleta com arrefecimento por ventoinha
2. Permutador de calor sólido-fluido com arrefecimento a água

A segunda configuração de permutador de calor é mais preferida do que a configuração de arrefecimento por ventoinha porque, devido ao arrefecimento por ventoinha, é necessário produzir energia eléctrica adicional para rodar as ventoinhas e também o calor rejeitado é libertado para a atmosfera como calor residual. Mas, em contrapartida, o permutador de calor sólido-fluido pode aquecer outro fluido através do calor rejeitado e esse fluido pode ser utilizado para qualquer outra aplicação do processo da instalação.

Por conseguinte, o projeto de um permutador de calor sólido-fluido é abordado neste capítulo.

O projeto consiste em tubos de calor com superfícies estendidas soldadas e soldadas à placa inferior. A aproximação inicial necessária da área é efectuada através da equação unidimensional da aleta.

Equações incorporadas:

Distribuição da temperatura ao longo da alheta:

$$t_x - t_a/t_0 - t_a = [\text{Cosh } m(l\text{-}x) + (h/k.m).\text{Sinh } m.(l\text{-}x)]/\ [\text{Cosh } m.l + (h/k.m).\text{Sinh } m.l]$$

$$m = (h.p/k.A_c)^{1/2}$$

Taxa de transferência de calor:

$$Q = k.A_c.m.(t_o\text{-}t_a)\ [\tanh m.l + (h/m)]/[1+(h/k.m).\tanh m.l]$$

O espaçamento ótimo entre as alhetas é aproximado 'pelas correlações obtidas a partir da pesquisa bibliográfica.

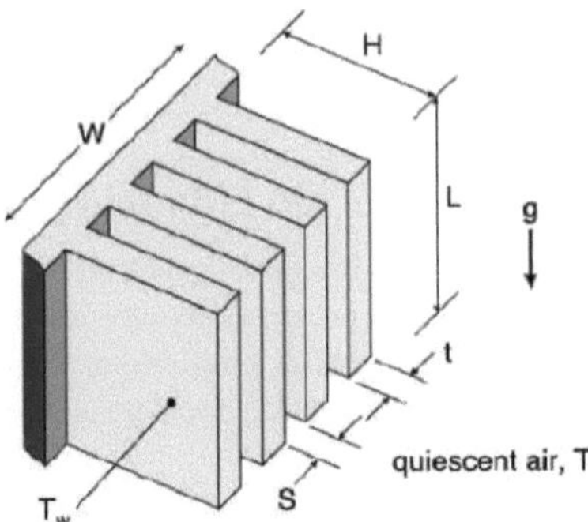

Figura 7.1: Nomenclatura para superfícies alargadas

A correlação:

$$S_{opt} = 2.714 * L/Ra^{1/4}$$

E o coeficiente de transferência de calor:

$$h = 1.31 * K/S_{opt}$$

$$Ra = Gr * Pr$$

Em que Gr = número de Grasoff, Pr = número de Prandtl

$$Nu = hd/k$$

Onde Nu = Número de Nusselt, d= Comprimento caraterístico, k= Coeficiente de transferência de calor por condução

Início do cálculo:

O fornecimento de calor ao módulo TEG é de 400W. Desprezando as perdas externas, o calor extraído devido à produção de eletricidade é de 240 W, pelo que o calor rejeitado para a junção do lado frio é de 160 W. Por conseguinte, o módulo permutador de calor do lado frio tem de ser concebido para manter uma taxa de transferência de calor de 160 W. Além disso, deve ser compatível com a manutenção de 60^0C na junção fria.

A área obtida a partir do cálculo é de 0,22m^2, pelo que foi concebido um sistema de alhetas simples com condições de fronteira de fluxo cruzado.

As simulações em estado estacionário são efectuadas ao longo de toda a análise.

Configuração 1:

Neste caso, aplica-se o seguinte projeto simples de sistema de alhetas com arrefecimento a água. A água fluirá através das alhetas criando convecção forçada. A área total das alhetas é a área analítica das alhetas obtida.

Inicialmente, é aplicado um caudal mássico de 1 kg/s e assume-se que a água fluirá uniformemente através de cada aleta.

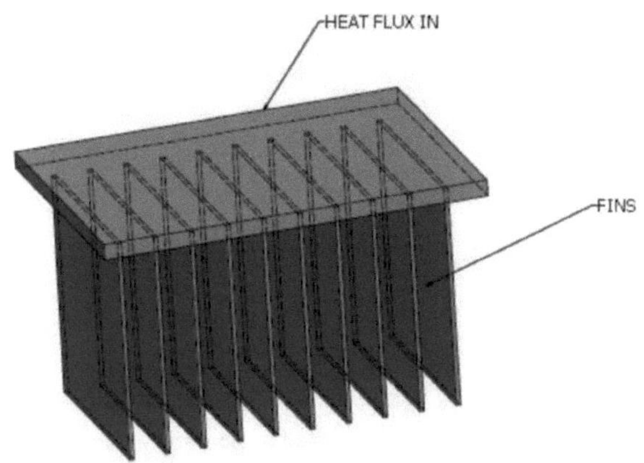

Figura 7.2: Desenho inicial da alheta e limites

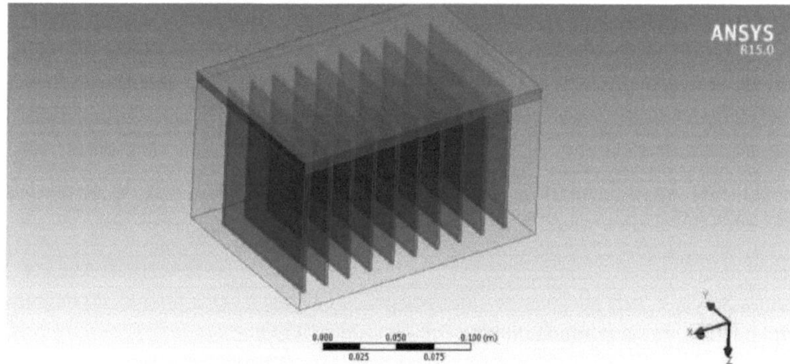

Figura 7.3: Domínio de fluido criado (em vista transparente)

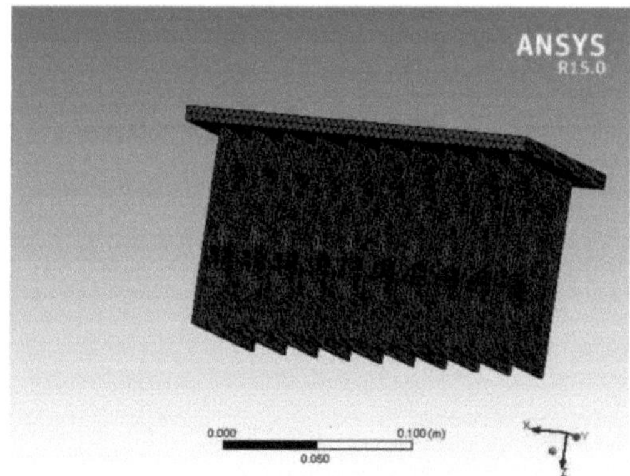

Figura 7.4: Malha gerada para o domínio sólido

Figura 7.5: Malha gerada para o domínio dos fluidos

Malha:

Os domínios do fluido e do sólido são criados separadamente e montados. O comprimento máximo da aresta de 7,627 mm é dado como restrição para o dimensionamento da malha sob verificação da independência da malha. Os refinamentos da malha são efectuados nas superfícies de contacto do sólido e do fluido.

Materiais:

O cobre é aplicado como material da alheta e a água é utilizada como líquido de arrefecimento à temperatura ambiente

Condições de fronteira:

A temperatura de 630C é dada ao fluxo de calor porque está ligada à placa inferior do módulo TEG e à temperatura que tem de ser mantida no lado frio do sistema TEG.

Taxa interna de geração de calor de 640000W/m^2 dada à base das alhetas para implementar o fluxo máximo de calor de 160W.

O caudal mássico inicial de 1 kg/s é aplicado à entrada na primeira simulação e a condição de fronteira de escoamento é dada à saída.

É dado um coeficiente aproximado de transferência de calor por convecção para o início do cálculo de 50-100W/m^2 na interface fluido-sólido.

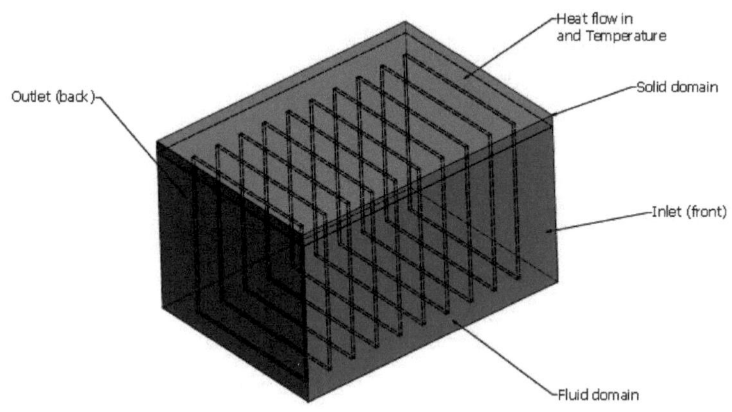

Figura 7.6: Superfícies de contorno

Inicialização e cálculo:

A inicialização híbrida é efectuada e a convergência é obtida. São aplicadas no cálculo um máximo de 60 iterações. O critério de convergência é considerado como a minimização do erro até 1e-6.

Resultados da simulação:

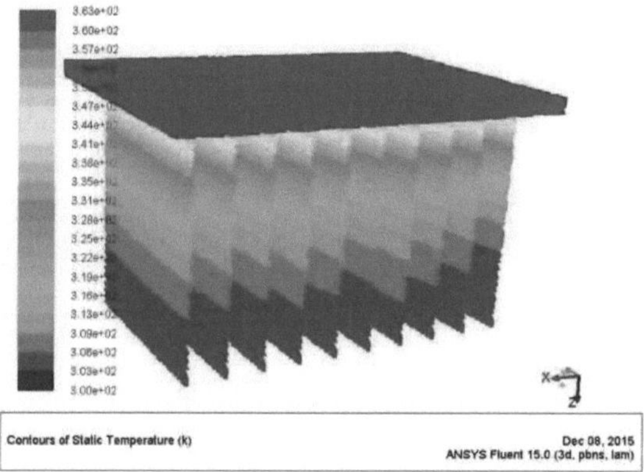

Figura 7.7: Distribuição da temperatura ao longo das alhetas e da base das alhetas

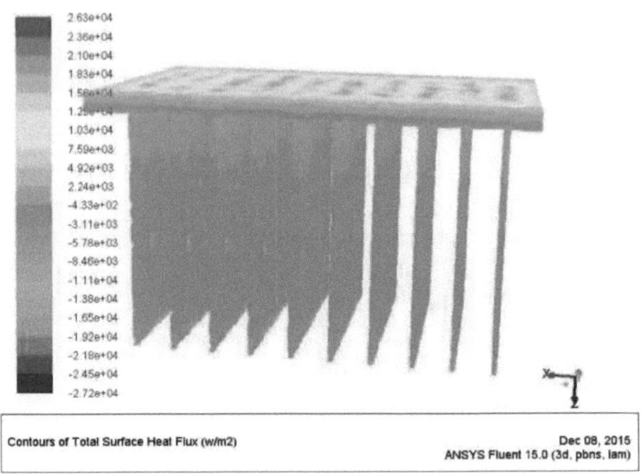

Figura 7.8: Fluxo de calor superficial total ao longo das alhetas

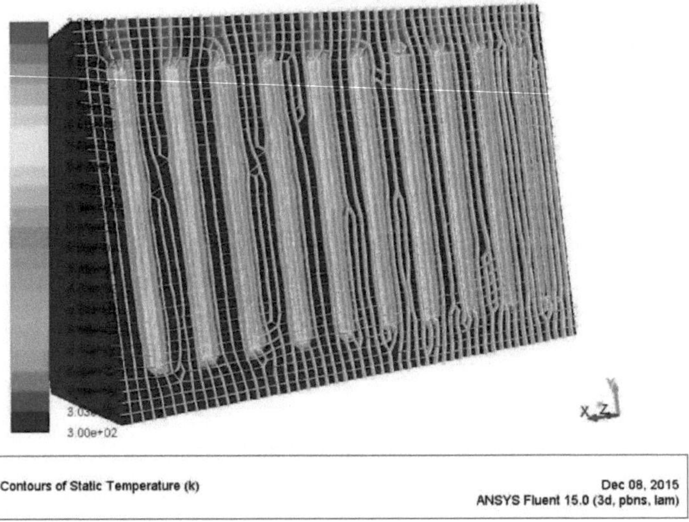

Figura 7.9: Distribuição da temperatura no domínio do fluido

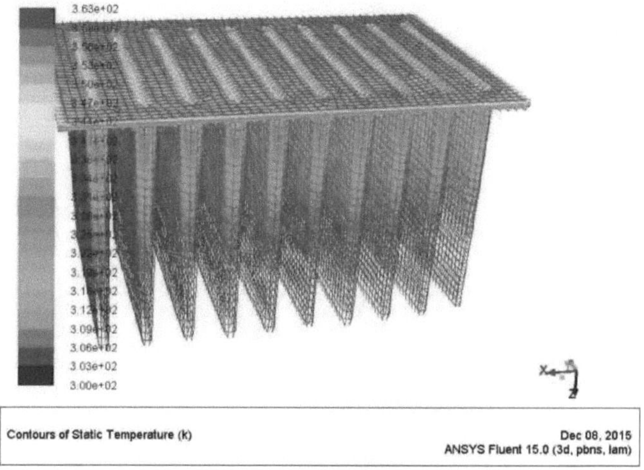

Figura 7.10: Distribuição da temperatura do domínio do fluido na interface de fronteira

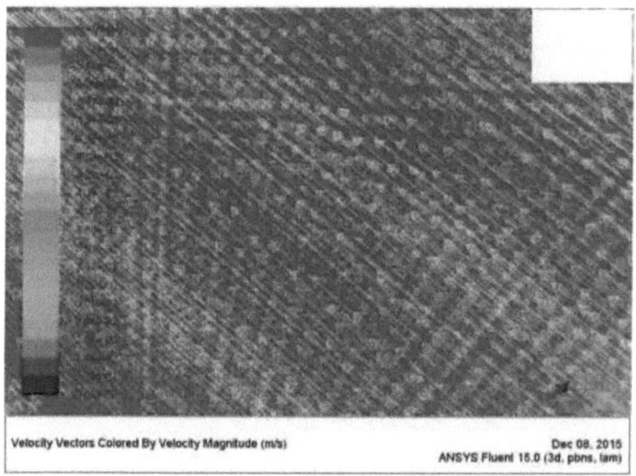

Figura 7.11: Distribuição da velocidade nas zonas próximas das alhetas

Resultados e discussão:

As distribuições de temperatura das alhetas são adequadas para a aplicação, inicialmente com valores elevados e diminuindo gradualmente com o aumento do comprimento. A temperatura da ponta da alheta quase atingiu a temperatura da água de entrada, o que justifica a boa transferência de calor.

A partir da distribuição do fluxo de calor, é evidente que a transferência de calor se efectua para fora das alhetas e é bastante uniforme ao longo das alhetas. A taxa média de fluxo de calor obtida é de 1775,15W/m^2 a partir das alhetas, pelo que a taxa de transferência de calor de 389,73W pode ser aproximada a partir da configuração atual. Este valor é 43,5% superior ao valor requerido. No entanto, o design pode ser considerado adequado porque, em condições de baixa tensão, é capaz de remover mais calor e, além disso, com o design simples, esta disposição das alhetas é levada a cabo para posterior otimização.

Análise 2:

O fluxo uniforme de água, tal como na análise 1, é bastante difícil de produzir, uma vez que a entrada e as saídas do permutador de calor têm de ser concebidas como condutas rectangulares, o que aumenta o custo de fabrico. Por conseguinte, para uma situação prática real, são ligados dois tubos de 1 polegada de diâmetro em cada lado e o caudal contra a gravidade é fornecido como na figura.

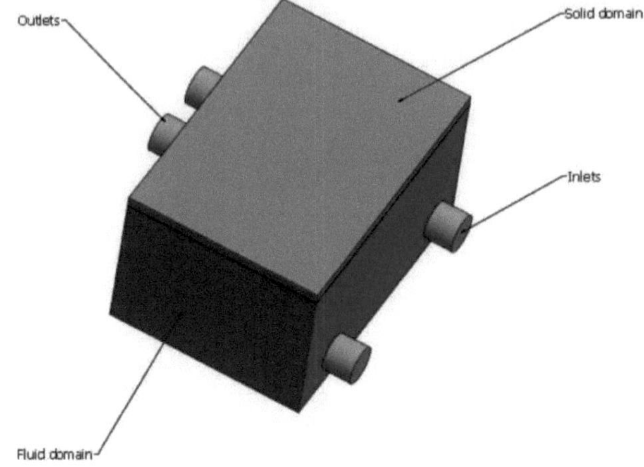

Figura 7.12: Conceção modificada para aplicação em tempo real

Condições de fronteira:

As condições de fronteira são aplicadas da mesma forma que na análise 1 e o pré-processamento é igual ao da análise 1.

Resultados da simulação:

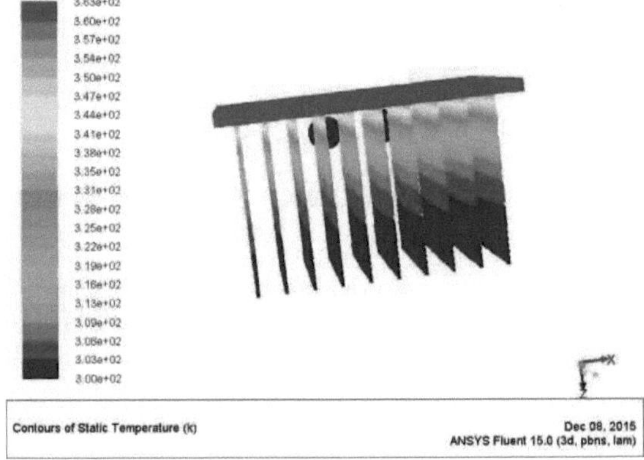

Figura 7.12: Distribuição da temperatura ao longo das superfícies alhetadas

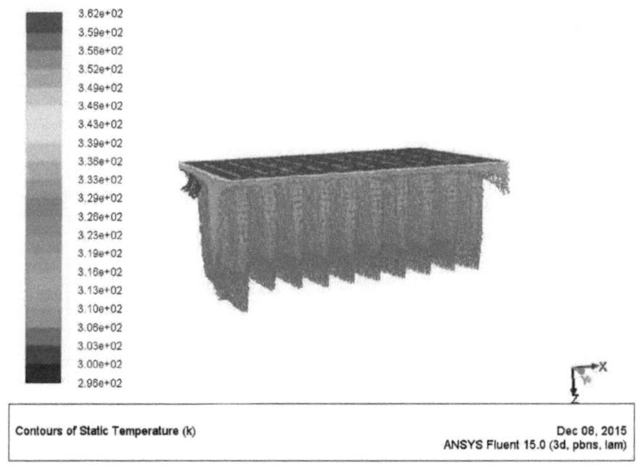

Figura 7.13: Distribuição da temperatura das zonas de fluido próximas das alhetas

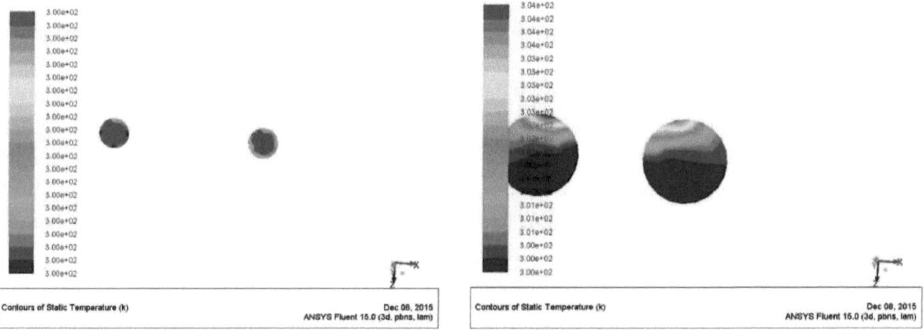

Figura 7.14: Distribuição das temperaturas à entrada (esquerda) e à saída (direita)

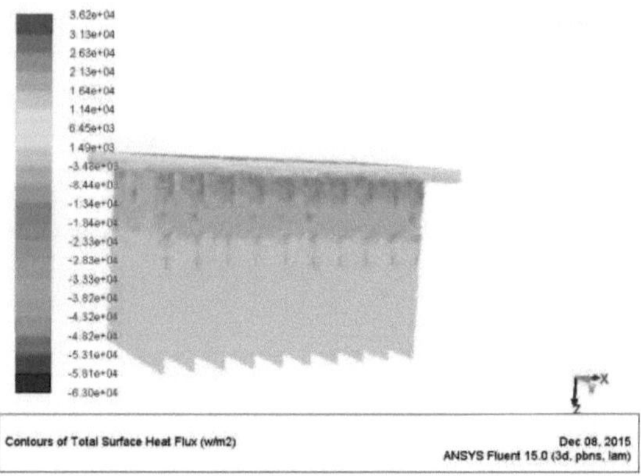

Figura 7.15: Distribuição do fluxo de calor nas interfaces das alhetas

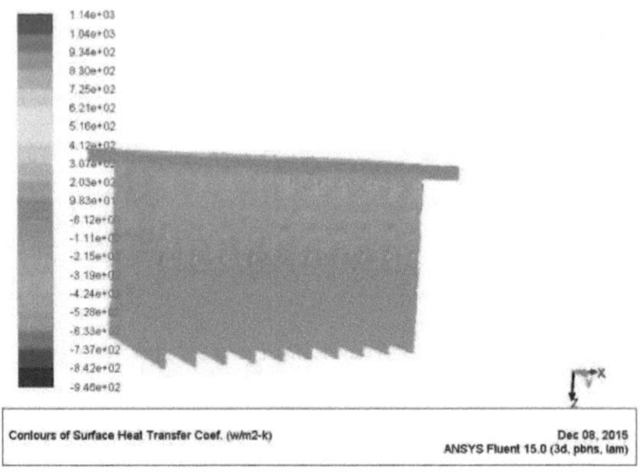

Figura 7.16: Coeficientes médios de transferência de calor à superfície

Resultados e discussão:

Aqui a distribuição da temperatura é bastante igual à da análise 1 ao longo do comprimento da alheta. O aumento máximo da temperatura da água de arrefecimento é de aproximadamente 40C. O fluxo de calor total médio aproximado da superfície é de 5960W/m^2, pelo que a transferência de calor média aproximada da superfície é de 1311,2W, o que é 710% superior ao valor requerido. Por conseguinte, esta conceção pode ser considerada mais eficaz e conveniente para o sistema. Além disso, a razão para o aumento da transferência de calor deve-se ao escoamento contra a gravidade. O domínio total do fluido é inicialmente preenchido por água e flui através da saída, o que permite um maior contacto com as alhetas e proporciona mais tempo para a troca de calor entre as alhetas.

Análise 3:

Uma vez que o projeto está a proporcionar um desempenho superior ao exigido quando o cobre é utilizado como material das alhetas. Além disso, este permutador de calor pode ser considerado um permutador de calor de baixa temperatura, pelo que pode ser utilizado um metal com baixo ponto de fusão como material das alhetas. Além disso, quando se analisa o custo e o peso, o alumínio surge como o material preferível neste caso. Por conseguinte, esta análise baseia-se no facto de o alumínio ser aplicado como material das alhetas.

Condições de fronteira:

As condições de fronteira são as mesmas da análise 2, exceto a alteração do material para Alumínio no pré-processamento.

Resultados da simulação:

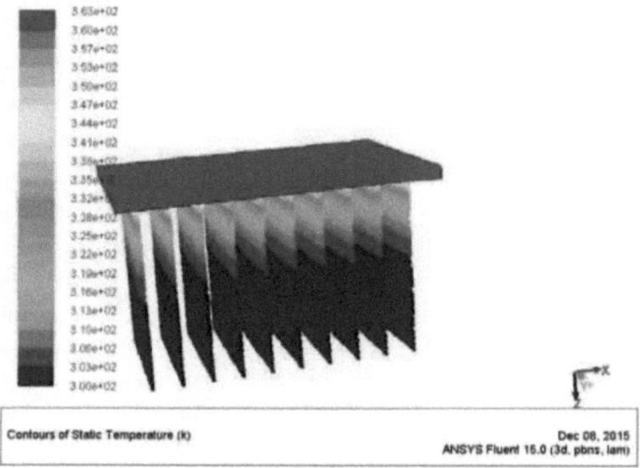

Figura 7.17: Distribuição da temperatura ao longo das alhetas

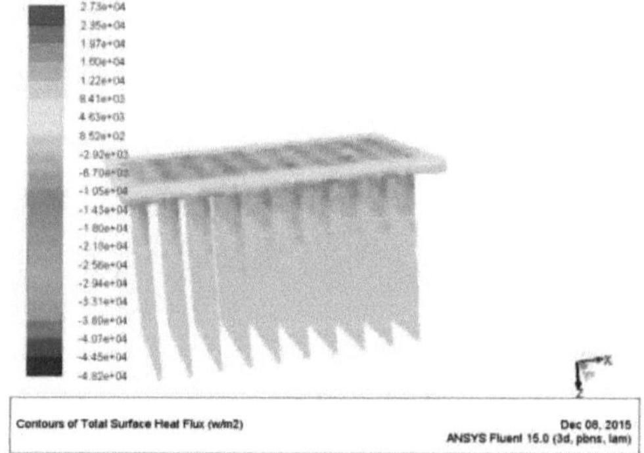

Figura 7.18: Distribuição do fluxo de calor à superfície

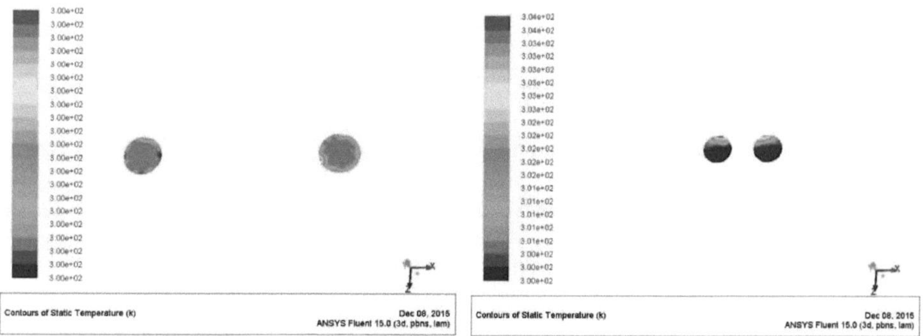

Figura 7.19: Distribuição da temperatura à entrada (esquerda) e à saída (direita)

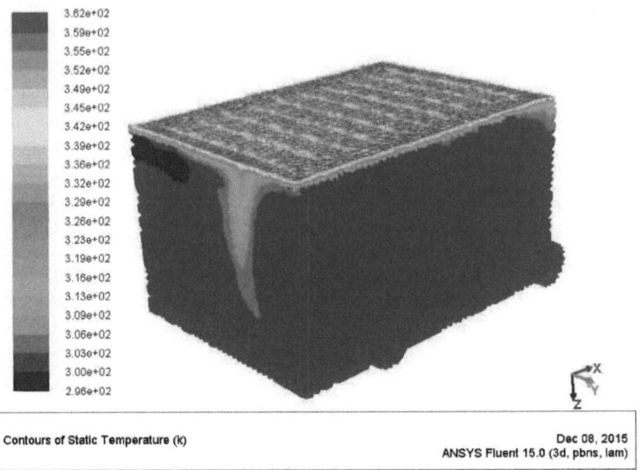

Figura 7.20: Distribuição global da temperatura no domínio dos fluidos

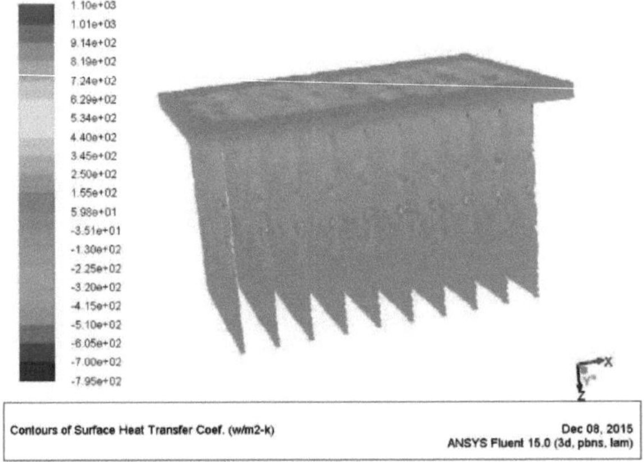

Figura 7.21: Coeficiente global de transferência de calor nas superfícies das alhetas

Resultados e discussão:

As distribuições de temperatura ao longo das alhetas são favoráveis neste caso. O fluxo de calor médio total aproximado da superfície das alhetas pode ser considerado como 4810W/m^2, o que é 23% inferior ao do cobre utilizado como material das alhetas. Por conseguinte, a taxa aproximada de transferência de calor é de 1058,2 W, o que é 56,12% superior ao valor requerido. Por conseguinte, pode concluir-se que o alumínio é o material mais adequado para as alhetas.

Análise 4:

Para uma maior otimização do sistema, é necessário finalizar o caudal mássico de batimento necessário. O aumento do caudal mássico provoca um aumento do número de Reynolds e, por conseguinte, permite uma maior transferência de calor. Uma vez que a taxa de transferência de calor é ainda mais elevada do que o necessário com um caudal mássico de 1 kg/s, é previsível que o caudal mássico possa ser reduzido até certo ponto. O caudal mássico pode ser reduzido até e a menos que não se verifique contrapressão. Mas, mais uma vez, o caudal mássico depende da aplicação do processo em que a água de arrefecimento de saída é utilizada. Neste caso, parte-se do princípio de que a água de arrefecimento não é utilizada para qualquer aplicação do processo e, por conseguinte, é provável que se obtenha o caudal mássico mínimo mais possível quando se utiliza material de aletas como alumínio

Condições de fronteira:

As condições de fronteira são as mesmas da análise anterior, à exceção da alteração do caudal mássico em cada simulação.

Configuração 1: Decréscimos da arte do caudal mássico:

São dados decréscimos do caudal mássico de 0,1 kg/s. Os gráficos são traçados em conformidade.

Resultados da simulação quando o caudal mássico diminui de 1kg/s para 0,5kg/s.

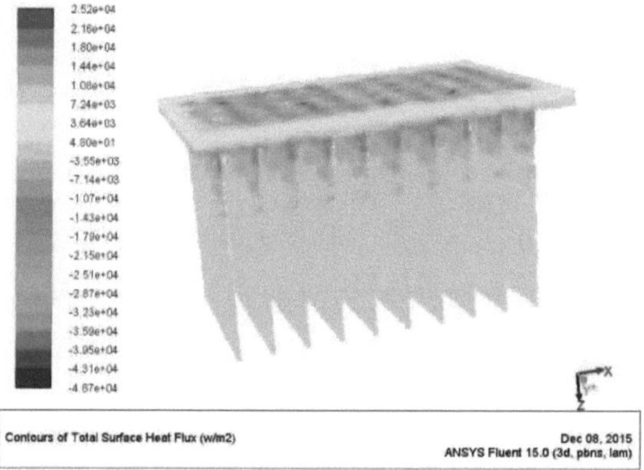

Figura 7.22: Fluxo de calor superficial total com um caudal mássico de 0,5 kg/s

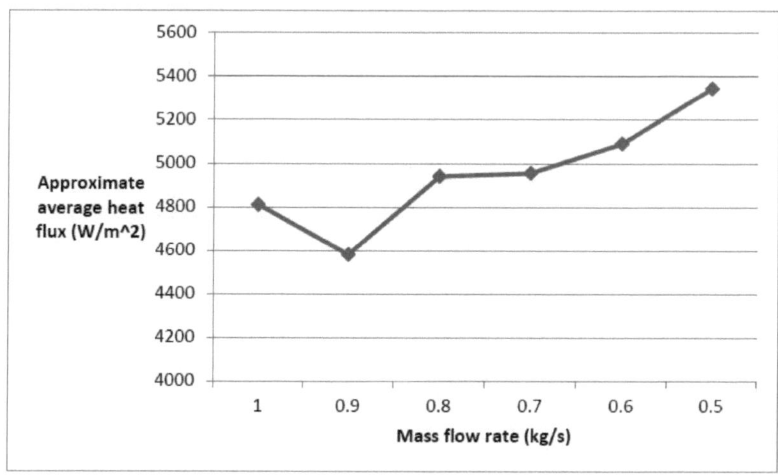

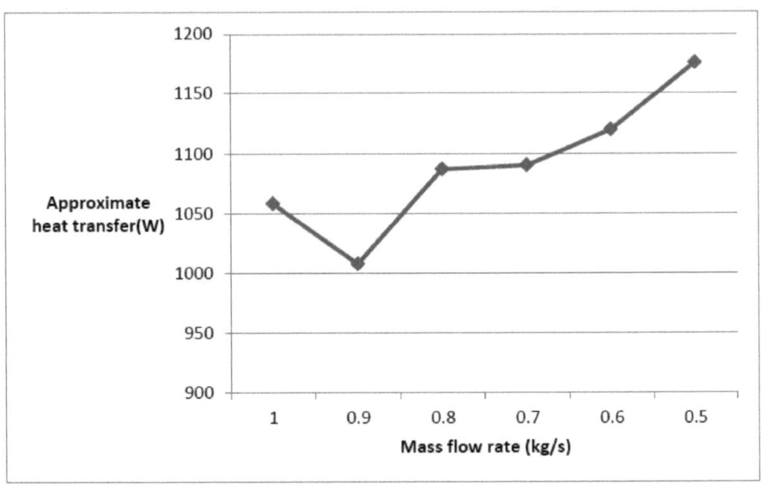

Conjunto de figuras 7.23: Variação dos parâmetros para a distribuição da arte do caudal mássico de 1-0,5 kg/s

Configuração 2: Incrementos do caudal mássico:

Aqui o caudal mássico é aumentado em incrementos de 0,1 kg/s a partir de 1 kg/s.

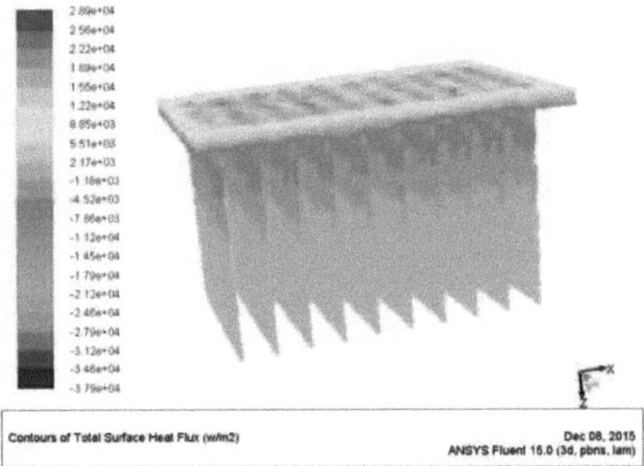

Figura 7.24: Fluxo de calor superficial total com caudal mássico de 1,6 kg/s

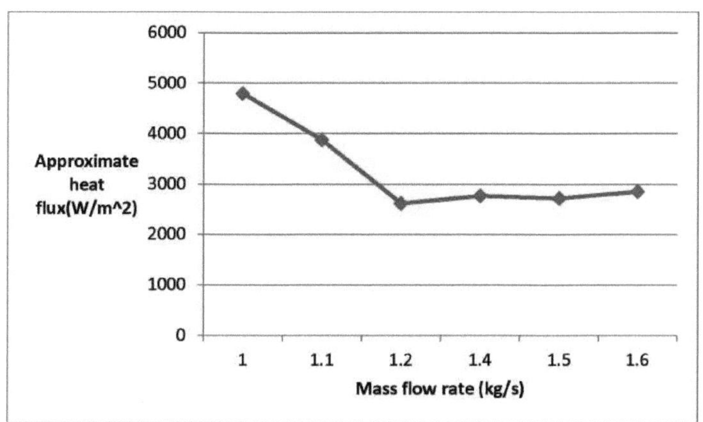

Figura 7.25: Variação dos parâmetros quando o caudal mássico varia 1-1,6 kg/s

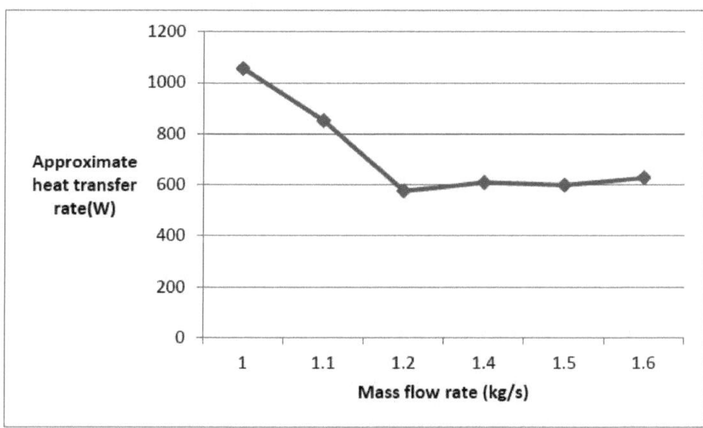

Conjunto de figuras 7.25: Variação dos parâmetros para a variação do caudal mássico de 1-1,6 kg/s

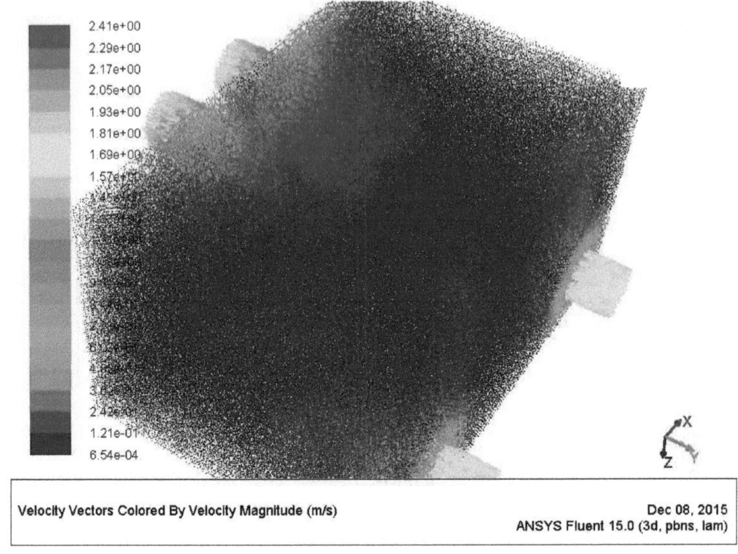

Figura 7.26: Distribuição da velocidade ao caudal mássico de 1,6 kg/s

Resultados e discussão:

É óbvio a partir dos resultados que, com o aumento do caudal mássico, a transferência de calor está a diminuir. Normalmente, o aumento do caudal mássico tem de provocar uma maior transferência de calor, mas neste caso foi alterado. A razão para esta ocorrência é que a taxa de transferência de calor incorporada é muito baixa e o baixo caudal mássico provoca o aquecimento da água como um aquecedor normal, mas não apresenta um aumento elevado da temperatura. Este facto deve-se à elevada capacidade térmica da água.

Por conseguinte, para esta aplicação, o fluxo de massa pode ser aumentado até 2 kg/s e também pode ser diminuído até 0,3 kg/s, de acordo com os requisitos da aplicação do processo.

CAPÍTULO 8

Conclusão

O sistema de recuperação de calor residual baseado no gerador termoelétrico Peltier é concebido no âmbito deste projeto.

São concebidos diferentes tipos de permutadores de calor para produzir um fluxo de calor preciso e manter as temperaturas corretas entre as junções quentes e frias do sistema TEG.

Todos os cálculos analíticos são justificados por simulações computacionais. Devido à falta de financiamento, o modelo em tempo real não pode ser produzido no departamento.

O sistema foi concebido principalmente para centrais eléctricas não convencionais com um fluido de trabalho a alta temperatura. Especificamente para centrais térmicas solares baseadas em colectores de calha parabólica.

Ao fabricar módulos TEG de grandes dimensões, é possível reduzir o número de TEG necessários e preservar mais espaço.

O permutador de calor do lado quente é principalmente um permutador de calor de placas e tubos e o permutador de calor do lado frio é principalmente um permutador de calor do tipo aleta.

Os módulos Peltier são fixados entre duas placas, denominadas placas quentes e frias, através de uma pasta térmica para evitar desalinhamentos.

O sistema pode ser expandido para qualquer tamanho, de acordo com as necessidades.

A energia gerada através dos módulos pode ser utilizada para alimentar motores de bombas, motores de rastreio, etc. na central eléctrica PTC (como exemplo).

A análise CFD é feita para otimizar o design e as caraterísticas de transferência de calor são também observadas.

CAPÍTULO 9

Referências

1. **Dr. D. S Kumar, Livro de texto sobre transferência de calor e massa**

2. **Dr. Necati Oszizick, Transferência de Calor e Massa**

3. **Dr. D. S Kumar, Text book of Engineering Thermodynamics (Livro de texto de termodinâmica para engenharia)**

4. **Dr. P. K Nag, Termodinâmica de Engenharia**

5. **Ashwin Date, Abhijit Date, Chris Dixon, Randeep Singh, Aliakbar Akbarzadeh Estimativa teórica e experimental do fluxo de calor de entrada limite para geradores termoeléctricos com arrefecimento passivo**

6. **Byung deok In, Hyung ik Kim, Jung wook Son, Ki hyung Lee O estudo de um gerador termoelétrico com várias condições térmicas dos gases de escape de um motor diesel**

7. **Maria Theresa de Leon, Harold Chong e Michael Kraft Conceção e modelização de geradores solares termoeléctricos baseados em SOI**

8. **E. Massaguer, A. Massaguer, L. Montoro, J.R. Gonzalez Desenvolvimento e validação de um novo tipo de TRNSYS para a simulação de geradores termoeléctricos**

9. **Christoper Haslego, Alfa Laval, Graham Polley Conceção de permutadores de calor de placa e estrutura**

10. **Programa Nacional para a Aprendizagem Tecnológica Avançada (NPTEL) - Instituto Indiano de Tecnologia de Madras**

Conceção do processo do permutador de calor: tipos de permutador de calor, conceção do processo do permutador de calor de casco e tubo, condensador e reboilers

11. **Kifah Sarraf*, St_ephane Launay, Loun_es Tadrist Análise complexa do escoamento em 3D e efeito do ângulo de ondulação em permutadores de calor de placas**

12. **Hamidreza Shabgard, Michael J. Allen, Nourouddin Sharifi, Steven P. Benn, Amir Faghri, Theodore L. Bergman**

Permutadores e dissipadores de calor de tubos de calor: Oportunidades, desafios, aplicações, análise e estado da arte

13. **Hamidreza Shabgard , Michael J. Allen, Nourouddin Sharifi, Steven P. Benn, Amir Faghri ,Theodore L. Bergman**

Permutadores e dissipadores de calor de tubos de calor: Oportunidades, desafios, aplicações, análise e estado da arte.

14. **Wasan Kamsanam, Xiaoan Mao, Artur J. Jaworski Desempenho térmico de permutadores de calor termoacústicos de tubos com alhetas em condições de fluxo oscilatório**

15. **Jeanette Cobian-I~niguez, Angela Wu, Florian Dugast, Arturo Pacheco-Vega Análise paramétrica de base numérica de permutadores de calor compactos de aletas e tubos lisos**

16. **Ya-Ping Chen, Wei-han Wang, Jia-Feng Wu, Cong Dong Investigação experimental do desempenho de permutadores de calor com deflectores helicoidais de trissecção para a transferência de calor óleo/água-água**

17. **Jens Glembin, Christoph Büttner, Jan Steinweg e Gunter Rockendorf Tanques de armazenamento térmico em sistemas de bombas de calor de elevada eficiência - Parâmetros**

optimizados de instalação e funcionamento

18. **S. Awani, R. Chargui, S. Kooli, A. Farhat, A. Guizani Desempenho do acoplamento do coletor de placas planas e de um sistema de bomba de calor associado a um permutador de calor vertical para o aquecimento do sistema de dois tipos de estufas**

Printed by Books on Demand GmbH, Norderstedt / Germany